玉米密植高产精准调控技术
（河南省夏玉米区）

李少昆 谢瑞芝 等 著

中国农业科学技术出版社

图书在版编目（CIP）数据

玉米密植高产精准调控技术：河南省夏玉米区 / 李少昆
等著 . -- 北京：中国农业科学技术出版社，2024.6.
-- ISBN 978 - 7 - 5116 - 6891 - 2

Ⅰ . S513

中国国家版本馆 CIP 数据核字第 2024NS5801 号

责任编辑　周丽丽　　马维玲
责任校对　李向荣
责任印制　姜义伟　　王思文

出 版 者	中国农业科学技术出版社
	北京市中关村南大街 12 号　邮编：100081
电　　话	（010）82106638（编辑室）（010）82106624（发行部）
	（010）82109709（读者服务部）
网　　址	https://castp.caas.cn
经 销 者	各地新华书店
印 刷 者	北京地大彩印有限公司
开　　本	170 mm×240 mm　　1/16
印　　张	9.5
字　　数	180 千字
印　　数	1～3800 册
版　　次	2024 年 6 月第 1 版　2024 年 6 月第 1 次印刷
定　　价	33.80 元

版权所有·侵权必究

《玉米密植高产精准调控技术（河南省夏玉米区）》著者名单

主　著　李少昆　中国农业科学院作物科学研究所
　　　　　　　　　　中国农业科学院中原研究中心
　　　　　谢瑞芝　中国农业科学院作物科学研究所
　　　　　　　　　　中国农业科学院中原研究中心

副主著　王　群　河南农业大学
　　　　　赵　霞　河南省农业科学院
　　　　　侯传伟　河南秋乐种业科技股份有限公司
　　　　　明　博　中国农业科学院作物科学研究所
　　　　　　　　　　中国农业科学院中原研究中心

著　者（按姓氏笔画排序）
　　　　　马俊峰　新乡市农业科学院
　　　　　刘广亮　卫辉市农业农村局
　　　　　刘战东　中国农业科学院农田灌溉研究所
　　　　　闫振华　中国农业科学院作物科学研究所
　　　　　　　　　　中国农业科学院中原研究中心
　　　　　孙义东　唐河县农业农村局种业发展中心

李　健	中国农业科学院棉花研究所
李玉霞	河南农业大学
李春苗	郸城县农业科学研究所
李荣发	河南农业大学
杨　科	郑州市农业技术推广中心
杨鹏辉	漯河市农业机械技术中心
杨豫龙	河南省农业科学院
张　灿	河南省农业技术推广总站（河南省农业机械试验鉴定站）
张国彦	河南省植物保护植物检疫站
陈彦杞	河南省农业技术推广总站（河南省农业机械试验鉴定站）
孟战赢	洛阳市农林科学院
胡俊芳	焦作市农业技术推广中心
贾绪存	河南农业大学
徐　锋	农业农村部农业机械化总站
高　尚	中国农业科学院作物科学研究所　中国农业科学院中原研究中心
郭　栋	河南省农业技术推广总站（河南省农业机械试验鉴定站）
董朋飞	河南农业大学
鲁镇胜	漯河市农业机械技术中心

前　言

　　玉米作为粮、经、饲料、加工多用途作物，自2001年起已经成为全球第一大作物，被誉为21世纪的"谷中之王"，需求一直呈上升趋势。目前玉米也已发展成为我国种植面积最大、总产量最高的作物，占全国粮食产量的比例超过40%，对保障国家粮食安全发挥着重要作用。黄淮海夏播玉米区包括山东、河南的全部，北京和天津及河北大部分，山西中南部、陕西关中和江苏、安徽淮河以北及江苏北部的徐淮地区，是我国玉米第二大产区和主要消费区域。2023年河南省玉米播种面积0.58亿亩，约占全国玉米播种面积（6.63亿亩）的8.7%，玉米总产量0.24亿t，约占全国（2.89亿t）的8.3%，平均单产408.1 kg/亩，低于全国玉米平均单产（435.5kg/亩）。该区域为小麦玉米一年两熟区，玉米生长期短，高温与旱灾、涝灾、大风倒伏、多雨寡照等自然灾害类型多且发生频繁，玉米螟、叶斑病、锈病、茎腐病等病虫害发生重，户均种植规模小、管理粗放，严重制约着区域玉米单产的进一步提升。

　　合理密植是国内外玉米增产的主要途径，也是科技进步的综合体现。中国农业科学院作物栽培与生理创新团队自2004年起系统开展玉米高产突破研究，采用增密增产技术途径，针对玉米增密种植遇到的倒伏、空秆与小穗、早衰与抗逆性降低等系列问题，经过20余年的持续攻关，逐一攻克了这些难题，探索明确了玉米产量潜力突破的主要途径，创新了密植栽培与高产群体构建、滴灌水肥一体化精准调控、机械粒收与全程机械化、早熟密植替代地膜等关键技术，集成形成了主要产区的玉米密植高产精准调控技术模式（简称玉米密植滴灌高产技术），实现了产量、资源效率与经济效益及综合抗逆能力的协同提升，2020年在新疆奇台农场创造了亩产1 663.25 kg的全国玉米高产纪录，其中种植密度为9 000粒/亩，收获穗数达到了8 642穗/亩。据国家玉米产业技术体系长期调研数据分析表明，自2007年以来，黄淮海夏播区玉米收获株数一直徘徊在每亩4 200株左右，单产水平近年没有明显突破，亟须进行技术革新。2020年以来，研究团队在河南省漯河、鹤壁、商丘、驻马店、安阳等市夏玉米主产区进行了密植高产精准调控技术的示范推广，取得了良好的增产增效抗逆效果。2022年，河南豫东地区的商丘市虞城县通过机械籽粒直收实收测产，百亩示范田平均亩产895.39 kg，相较周边农户418.2 kg的平均产量增产114.1%；豫中南地区的漯河市临颍县示范田实收测产结果为亩产 924.61 kg，较周边农户 512.44 kg 的亩产增加 80.4%；舞阳县示范区的平均产量为 775.63 kg，较周边农户 432.38 kg 的平均产量增产 79.4%；豫北地区的鹤壁市淇滨区示范田实收测产亩产为 904.09 kg，较周边高产农户的平均亩产 684.64 kg 提升 32.1%。该技术模式将密植高质量群体调控的栽培理论与滴灌水肥一体化的农业工程措施相结合，作为一项抗逆增产技术，能够针对性地解决河南夏玉米生产的"卡脖子"问题：一是播种后滴水出苗，提高出苗质量、保苗密度和苗的整齐性；二是水肥一体化按需精准供应，促进了玉米植株健壮生长，避免了当前生产中种肥同播"一炮轰"造成的玉米苗期旺长和灌浆后期早衰；三是精准化控与病虫草害防控，降低了密植带来的倒伏风险；四是在应对各类自然灾害时优势突显，干旱和高温发生时可以滴水造墒、降温，涝害发生时，可以以水带肥，及时补充养分，减轻涝害损失，保障了粮食生产的稳定供给。

　　为了加速玉米密植高产精准调控技术在河南省夏玉米区的推广应用，作者团队编著了本书，详细介绍了河南省夏玉米区域存在的生产问题、理论基础研究、关键技术创新和生产模式集成 4 个模块的创新成果，帮助读者更好地理解该技术模式的内涵。本书的主体内容均来自作者团队针对区域生产问题自主研发的成果与技术，保证了内容的科学性。本书的特点是立足于区域产业技术需求与生态、生产特点，采用科学研究与技术推广、科普相结合，构建区域性整体解决方案、形成一套标准化推广模式。主要读者对象为基层农技人员、新型职业农民和种植大户等，力求语言通俗、图表简洁，突出技术的实用性和可操作性。作者团队作为中国科协首批作物科学首席科普专家团队、河南省科普团队及地方玉米优势团队，希望通过本书的出版发行，为玉米生产者提供切实帮助，不断提高玉米单产和资源利用效率，为我国粮食安全、玉米市场竞争力提升和农户增收提供科技支撑。

　　河南省夏玉米密植高产精准调控技术模式研究与本书出版，均得到了国家现代玉米产业技术体系、中国农业科学院科技创新工程玉米"藏粮于技"重大任务、国家自然科学基金等多个项目的资助，成书过程中，还广泛征求业界专家和用户的意见，国家玉米产业技术体系的植保专家对书稿进行了审阅和修改，在此一并表示衷心感谢！

李少昆

2024 年 4 月

目 录

第一章 河南省夏玉米区生态特点与生产问题 ... 1
- 第一节 区域生态特点 ... 2
- 第二节 主要生产问题 ... 3
- 第三节 解决的技术对策 ... 11

第二章 玉米密植高产精准调控技术原理 ... 13
- 第一节 合理密植是玉米增产的主要途径 ... 14
- 第二节 滴灌水肥一体化实现玉米精准调控 ... 23
- 第三节 玉米密植高产群体构建 ... 25

第三章 玉米密植高产精准调控关键技术 ... 35
- 第一节 管网铺设 ... 36
- 第二节 品种选择 ... 39
- 第三节 整地及技术要求 ... 41
- 第四节 播种及技术要求 ... 46
- 第五节 滴水齐苗 ... 51
- 第六节 杂草防除 ... 54
- 第七节 化控防倒 ... 57
- 第八节 需肥规律和肥料运筹 ... 59
- 第九节 病虫害防控 ... 66
- 第十节 收获与秸秆处理 ... 72

第四章 抗逆减灾 ... 79
- 第一节 干旱 ... 80
- 第二节 水灾 ... 84
- 第三节 高温热害 ... 90

第四节	高温干旱	94
第五节	风灾倒伏	98
第六节	阴雨寡照	103

第五章　玉米密植高产精准调控技术模式 …… 109
  第一节　河南省夏玉米密植高产精准调控技术模式 …… 110
  第二节　经济效益分析 …… 113

附　录 …… 117
  附录1　玉米生长发育过程图解 …… 118
  附录2　玉米缺素及诊断 …… 122
  附录3　滴灌系统使用的相关问题 …… 126
  附录4　玉米密植精准调控技术配套机具应用指引 …… 134

参考文献 …… 144

第一章

河南省夏玉米区
生态特点与生产问题

第一节　区域生态特点

河南省位于中国中部（32°18′～36°22′N，110°21′～116°39′E），大部分地处暖温带，南部跨亚热带，属北亚热带向暖温带过渡的大陆性季风气候，同时还具有自东向西由平原向丘陵山地气候过渡的特征，具有四季分明、雨热同期、复杂多样和气象灾害频繁的特点。全省由北向南年平均气温为 10.5～16.7℃，年均降水量 407.7～1 295.8 mm，降雨以 6—8 月最多，年均日照 1 285.7～2 292.9 h，全年无霜期 201～285 天，适宜多种农作物生长。2022 年平均气温 15.8℃，平均年降水量 594.3 mm，平均年日照时数 2 024.1 h，全省耕地面积为 683 万 hm^2，居全国第三位。

河南省位于黄淮海夏玉米区的重要优势产区，也是我国夏播玉米的重要产区。2023 年该区玉米播种面积 0.58 亿亩[①]，约占全国玉米播种面积（6.63 亿亩）的 8.7%，玉米总产量 0.24 亿 t，约占全国（2.89 亿 t）的 8.3%，平均单产 408.1 kg/亩。河南省种植模式以冬小麦—夏玉米一年两熟为主，玉米以小麦收后直播为主，该区域玉米生长季热量资源分布差异性较大，明确区域可利用热量资源及其分布，通过不同熟期品种配置与布局、高产技术模式构建，充分挖掘区域热量资源是实现均衡增产的基础。河南省夏玉米适宜播种期在 5 月 25 日至 6 月 15 日，如图 1-1 所示。但近几年，该区域夏季高温干旱、阴雨寡照、涝渍叠加，大风倒伏等灾害多发重发；南方锈病、茎基腐病和穗粒腐病也时常发生，严重威胁到玉米安全生产，因此，对玉米品种和栽培管理也提出特殊要求。夏玉米生长期处于典型的高温条件，玉米生长发育快，生长周期短，单株不易孕育大穗，需要解决好早熟与丰产的矛盾；干旱常影响夏玉米的播种出苗及中后期开花授粉和籽粒灌浆，干旱、高温及两者叠加对玉米授粉结实与灌浆有较大影响，玉米生长中后期常遭大风、暴雨袭击，易造成玉米倒伏，需要杂交种具有较强的抗倒（折）性能，并通过栽培管理构建抗倒高质量群体。该区南部夏玉米生育中后期常遇连阴雨，日照时数不足，昼夜温差小，不利于干物质积累，影响玉米授粉结实与灌浆，并发生渍涝灾害，加重了病害的发生和暴发。

[①]　1 亩 ≈ 667 m^2，15 亩 =1 hm^2。全书同。

第一章 河南省夏玉米区生态特点与生产问题

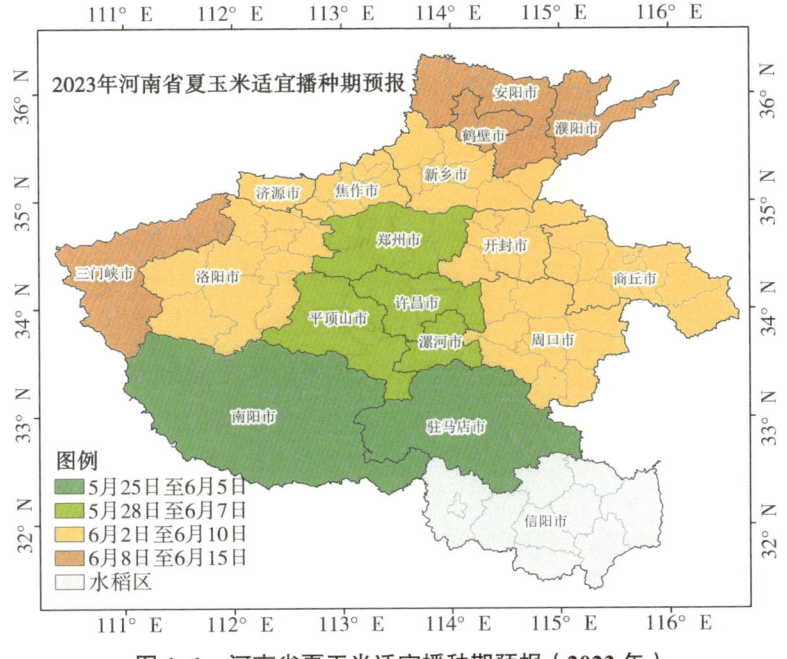

图1-1 河南省夏玉米适宜播种期预报（2023年）

第二节 主要生产问题

一、播种质量差，出苗质量下降

河南省玉米播种的适宜时间在6月15日以前，相对较集中，同时由于玉米播种期和小麦收获期紧紧连接，导致玉米播种时间紧，投入劳动力不足，前茬小麦收获后秸秆和残茬覆盖还田，玉米免耕直播，播种较为粗放，导致播种质量较差。种子质量参差不齐，发芽率不一致也是导致出苗差的原因之一。

播种机的优劣也是影响播种质量的重要因素之一，玉米播种机常见有两大类型：一类是灭茬、播种、施肥三功能播种机，相同播种条件下，带灭茬功能的播种机较没有灭茬功能的播种机出苗率提高5%～15%，主要原因就是降低了小麦根茬、秸秆对播种质量的影响；另一类是播种施肥一体化播种机械，这类机械又因排种器不同分为指夹式、气吸式、勺轮式3种，玉米产业体系机型试验结果表明，相同行驶速度下，3种机型出苗率相差5%～13%，其中勺轮式播种机高速行驶条件下播种质量最差。

夏玉米一般是贴茬免耕播种,小麦根茬、秸秆易影响播种质量和幼苗生长。一是造成跳播、漏播,土壤越干旱、耕层越坚硬,播种器入土就越艰难,跳播、漏播就越严重。二是造成播种深浅不一,导致出苗不齐。播种太浅,种子落在干土上;播得太深,幼芽顶土困难。三是坷垃盖种,种子着床于土壤空隙中,不能与土壤密切接触,不仅影响种子吸水,而且当坷垃较厚时,芽鞘只能从裂缝处长出,由于地下茎过分伸长,消耗营养和能量过多,幼苗不壮且易染病致死。这些都造成了漏播或播种深浅不一现象的发生,导致玉米缺苗断垄和大小苗现象比较普遍,玉米群体整齐度较低,严重影响了玉米苗期生长,苗期的弱苗和小苗到成熟时有 1/3 将成为空株,降低了玉米产量。

二、种植密度与单产水平徘徊,有待进一步提高

玉米是 C_4 高产作物,目前中国玉米最高单产是 2020 年在新疆奇台农场创造的 1 663.25 kg/亩(图 1-2);黄淮海夏玉米最高单产是 2014 年登海种业在山东莱州创造的 1 335.80 kg/亩(图 1-2),2023 年在河南焦作夏玉米最高产量达到 1 260.23 kg/亩,而世界玉米高产纪录已经达到 2 641.00 kg/亩,是美国最近在弗吉尼亚州创造的。2018—2021 年,我国玉米平均单产为 417.2 kg/亩,美国为 726.5 kg/亩,我国玉米单产仅相当于美国的 57.4%,2023 年我国玉米单产 435.5 kg/亩,比 2022 年亩增加 6.4 kg,表明我国玉米具有巨大的增产空间(图 1-3,图 1-4)。

图 1-2　中国玉米(左图)和黄淮海夏玉米(右图)高产纪录田
(左图:1 663.25 kg/亩,新疆奇台农场,2020 年;右图:1 335.80 kg/亩,山东莱州,2014 年)

第一章 河南省夏玉米区生态特点与生产问题

图 1-3 河南省夏玉米高产纪录田（1 260.23 kg/亩，河南焦作，2023 年）

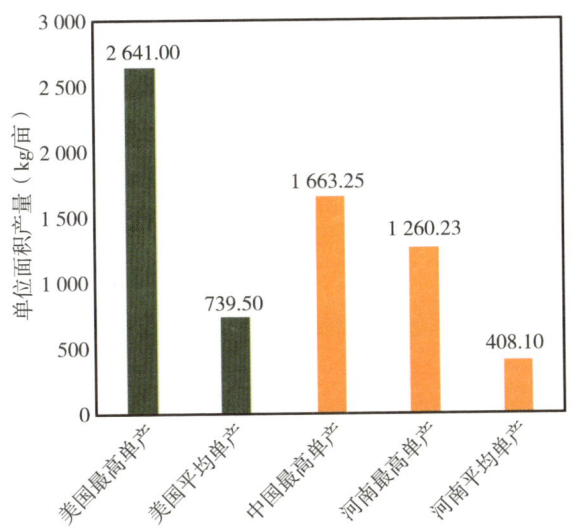

图 1-4 中国与美国玉米单产比较

2022 年统计结果表明，河南各市玉米单产分布在 320.6 kg/亩（郑州）至 479.7 kg/亩（漯河），平均单产为 392.1 kg/亩，低于当年 429 kg/亩的全国平均水平。河南省玉米高产纪录为 1 260.2 kg/亩（2023，河南焦作），与各市平均产量的差距为 780.6～939.6 kg/亩，平均单产为最高单产的 25.4%～38.1%（表 1-1）。

表 1-1 河南各地玉米平均单产与产量差（2022 年）

地点	种植面积（万 hm²）	产量（万 t）	平均单产（kg/亩）	产量差（kg/亩）	平均单产/最高单产（%）
郑州市	12.76	61.38	320.6	939.6	25.4
开封市	18.64	99.58	356.1	904.1	28.3
洛阳市	19.44	93.87	321.9	938.3	25.5
平顶山市	19.67	94.92	321.7	938.5	25.5
安阳市	25.32	161.08	424.0	836.2	33.6
鹤壁市	7.77	55.94	479.6	780.6	38.1
新乡市	31.01	184.98	397.7	862.5	31.6
焦作市	12.69	89.97	472.4	787.8	37.5
濮阳市	15.53	108.90	467.4	792.8	37.1
许昌市	15.52	103.60	444.9	815.3	35.3
漯河市	9.34	67.21	479.7	780.5	38.1
三门峡市	6.02	29.18	323.1	937.1	25.6
南阳市	47.03	231.69	328.4	931.8	26.1
商丘市	43.95	265.46	402.7	857.5	32.0
信阳市	1.89	11.17	394.0	866.2	31.3
周口市	54.41	347.40	425.6	834.6	33.8
驻马店市	43.48	257.01	394.0	866.2	31.3
济源示范区	2.05	10.57	343.2	917.0	27.2

注：河南省玉米高产纪录来源于高产田验收产量数据（1 260.20 kg/亩，2023 年，河南焦作）；平均单产来源于河南省统计局官网公布的 2022 年河南省玉米产量数据。

与国内外高产田相比，河南省夏玉米平均单产提升空间较大，但近年各地单产提升变缓，进入平台期，需要新的理论突破与技术支撑。河南省虽然是我国重要的夏玉米产区，但限制该区域产量提升的因素很多，综合分析发现管理粗放、种植密度偏低、生物和非生物灾害多发重发是制约该区域玉米单产提升的重要原因。目前美国玉米平均种植密度约为 5 500 株/亩，且每年以平均约 66 株/亩的速度在增加，据统计，美国玉米高产竞赛田块的种植密度多分布在 7 000～9 000 株/亩，而河南省玉米生产播种密度一般在 4 500 粒/亩左右，收获穗数自 2007 年以来一直徘徊在 4 200 穗/亩左右，与美国大田生产相比还有 1 300～1 500 株/亩的差距。

三、自然灾害与生物灾害频发

河南省夏季高温多雨，高温、干旱、渍涝、大风、冰雹等自然灾害频繁，而且常常复合叠加发生，同时生物灾害发生严重，如玉米苗期常发虫害有黏虫、二点委夜蛾和甜菜夜蛾等，穗期有玉米螟、桃蛀螟及棉铃虫等钻蛀性害虫为害，病害以褐斑病、小斑病、弯孢叶斑病、南方锈病、粗缩病、茎腐病、穗腐病为主。特别是近年受全球气候变化影响，干旱、高温、阴雨寡照、大风等极端天气发生的频率增加，导致玉米畸形穗、倒伏、倒折发生，减产的概率极大，如2013年河南西部、南部和东南部区域遇到了高温干旱，从8月初至8月20日连续逾20天35℃以上的高温，局部40℃左右的高温，造成大部分玉米品种结实不良，严重地块结实率不到20%。2016年、2017年、2018年、2020年、2022年高温热害造成大量玉米畸形穗、花粒穗和空秆。在2014年高温雨涝环境下，先玉335类型及一些改良品种在河南省夏播玉米授粉结束20天至成熟期，因感染茎腐病，茎秆早枯而发生严重倒伏，至收获时，倒伏达70%以上，果穗小、秃尖长、结实性差等不良性状都突现出来。2015年8月下旬至9月，夏玉米授粉后20天左右，因田间温度、湿度适宜，一场席卷黄淮海地区的玉米南方锈病大发生，对夏玉米生产提出了新的要求——抗南方锈病。2019年伴随台风而来的暴风雨，造成河南中南部大面积玉米倒伏和倒折；2021年，从7月20日极端降雨至9月中旬连续阴雨寡照，其间有效光照时数不足300 h，较常年少50%以上，阴雨寡照天气之后，夏玉米生产出现南方锈病和青枯病大暴发，植株死亡和倒伏，造成玉米产量下降。

四、玉米生育期短、收获时籽粒含水率偏高，商品质量不优不稳，产品专用率低

与发达国家及我国西北和东北玉米产区相比，黄淮海夏播区和河南省玉米商品质量不高，主要表现在：一是玉米的商品质量的稳定性差，受农户经营规模小、种植品种多和管理模式粗放影响，造成商品玉米混杂，稳定性和一致性不高。二是收获时籽粒含水率偏高，河南省夏玉米区以小麦玉米一年两熟为主，玉米生育期短，只有95～105天，收获时籽粒含水量一般在30%～35%。三是籽粒成熟度差，容重低、饲料能值不高和加工出粉率低。据国家粮食和物资储备局统计数据显示，2019年我国入库玉米平均容重为737.5 g/L，比美国（755 g/L）低17.5 g/L。编者对黄淮海夏播区机械籽粒直收玉米田的调查显示，收获时籽粒含水率平均为26.18%，比美国高10.38个百分点，籽粒破碎率和烘干成本高。由于籽粒含水量高，河南玉米种植户又多采取晒场（地趴粮）或穗贮方式贮存，增

加了损耗和霉变风险。四是专用率低,缺乏适合淀粉发酵工业需求的高淀粉玉米,养殖业需要的优质蛋白、高油及青贮专用玉米,专用性差,制约了玉米增值增效(图1-5,图1-6,表1-2)。

图1-5 黄淮海夏播区玉米的穗贮方式

图1-6 玉米果穗堆放过程中的霉变

表1-2 中美玉米籽粒主要品质指标的比较

品质指标	中国(2019年)	美国(2020年)
容重(g/L)	737.5	755.0
含水率(%)	26.18*	15.80
淀粉(%)	71.50	72.20
粗蛋白质(%)	9.20	8.50
粗脂肪(%)	4.10	3.90

数据来源:国家粮食和物资储备局/美国谷物理事会;*为作者团队调查机械籽粒直收玉米田数据。

五、长期旋耕、免耕,耕层"浅、实、少"的问题十分突出

深厚肥沃的耕层土壤有助于玉米抗旱、耐涝、防倒和增产增收,是玉米增密种植的基础。黄淮海夏播区长期以小麦季旋耕,玉米季免耕作业为主,耕层深度浅,许多耕地几十年来未进行过深松或深耕整地,普遍存在耕层变浅、犁底层抬高且厚、有效耕层土壤量减少的特点,已经严重阻碍玉米产量潜力的正常发挥。据2008年9—10月国家玉米产业技术体系在全国151个县、916个样点的调查结果显示,黄淮海夏播区玉米田平均耕层深度仅为17.2 cm,低于22 cm的

基本要求，与美国 35 cm 左右的耕层相差甚远；夏播区玉米田 5～10 cm 平均耕层土壤容重为 1.37 g/cm³，犁底层容重为 1.51 g/cm³，已超过玉米根系生长发育适宜的容重范围（1.1～1.3 g/cm³）。有效耕层土壤量是承载作物生产力的基础，黄淮海夏播区平均有效耕层土量仅为 $1.47×10^5$ kg/亩，较正常有效耕层土壤量 $1.81×10^5$ kg/亩（按 22 cm 耕深计算）低 18.8%，耕层土壤"浅、实、少"的问题十分突出，导致土壤纳雨保墒与保肥供肥能力减弱，同时，玉米根系难以穿透犁底层，导致根系分布浅，易倒伏与早衰，降低了土壤的抗逆减灾能力和生产能力（图 1-7，图 1-8）。

图 1-7　土壤耕层与犁底层

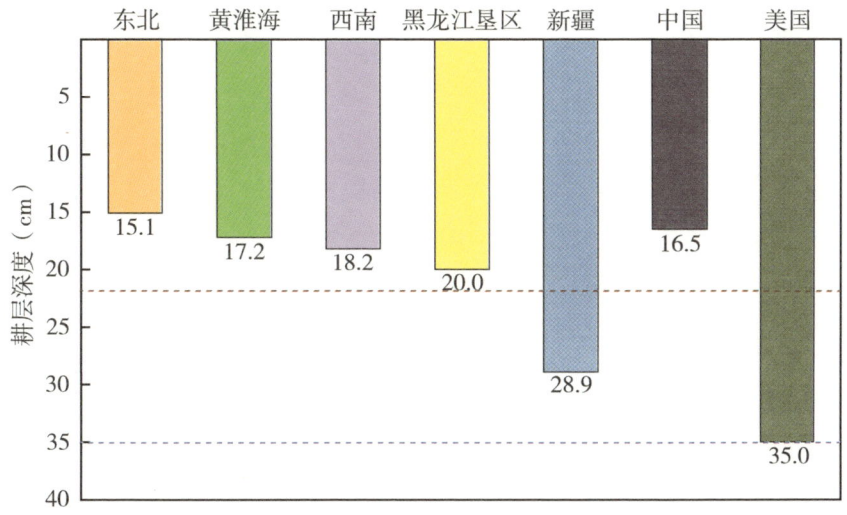

图 1-8　不同玉米产区土壤耕层深度

六、分散的农户经营组织方式制约了规模化生产

我国玉米生产的主要形式仍是一家一户分散经营，84.95%的农户耕地面积小于50亩。美国玉米种植以家庭农场为主，美国50～3 000亩的农场占到71.64%（表1-3），玉米种植带一个家庭种植的玉米面积一般在3 750～3 900亩。然而，我国玉米生产土地规模偏小、集约化程度低，制约了机械作业效率的提高和农户采用滴灌等新技术的积极性，导致劳动效率低、单位面积成本高，玉米竞争力不强。

表1-3　中美家庭农场种植规模比较　　　　　　　　　　　单位：%

户均种植面积	中国 （N=5 775，2020年）	美国 （N=2 042 220，2017年）
<6亩	40.31	0.00
6～50亩	44.64	13.38
50～300亩	12.43	28.55
300～1 000亩	2.30	27.65
1 000～3 000亩	0.23	15.43
3 000～6 000亩	0.05	6.53
6 000～12 000亩	0.02	4.29

数据来源：国家玉米产业技术体系调研 / NASS of USDA。

七、其他制约因素

在河南省夏播区还存在许多制约玉米生产发展的其他因素。第一，管理粗放，如当前施肥方式多采取种、肥异位同播的方式一次性施肥，导致玉米前期旺长、后期易早衰；化肥、农药等化学投入品使用过量，效率低，2019年我国氮素化肥投入量平均为21.5 kg/亩，河南省夏玉米一般在15～22 kg/亩，高于美国的8 kg/亩；我国的农药利用率为40%，欧美发达国家的为50%～60%。第二，玉米出苗整齐度差。当前河南夏玉米主要采用麦收后贴茬免耕播种，受小麦秸秆及小型机械作业质量的影响，播种深浅不一、覆土厚薄不匀，苗期地下害虫为害和叶部病虫害为害，以及除草剂和杀虫、杀菌剂不当使用造成的药害，导致玉米保苗差和整齐度低。第三，病虫害（茎腐病、南方锈病、穗腐病、棉铃虫、玉米螟、桃蛀螟等）为害日益加重，严重发生时产量损失达15%～30%。第四，河南省各市综合机械化率均达到90%以上，但是机械化智能装备水平和玉米机械粒收比例偏低，质量不高，当前的玉米收获以机械穗收为主，收获后需要晾晒脱粒，费时、费工，且霉变风险也较大。

第三节 解决的技术对策

玉米生产的目标是提高农民收入、产业效益和市场竞争力，提高产量、改善品质、降低成本将是今后玉米生产发展的核心，其中科技是贯穿这些因素的第一要素。在降低生产成本方面，据估算，科技进步的贡献约占50%，规模化生产占30%，节本增效的管理占20%。因此，未来玉米生产的发展要通过科技创新、规模化种植和高效管理等予以综合施力。

随着社会经济的快速发展，当前河南省夏玉米区也同我国其他玉米产区一样，玉米生产正在发生转变：即从手工种植向机械化生产转变，从小农生产向规模化生产转变，从以高产为目标向以高产高效为目标转变，从精耕细作向轻简化栽培转变。河南省玉米生产应尽快适应这一趋势转变做出积极应对。

针对河南省夏玉米生态气候特点与主要生产问题，研究团队将玉米生产由以往以单产为目标转变为提高籽粒生产效率为目标，通过增加种植密度提高单产，通过滴灌水肥一体化实现水肥需求的精准调控，通过籽粒直收实现高水平的全程机械化，研发了玉米密植滴灌精准调控的关键技术，并形成了在规模化种植和管理条件下的区域生产技术模式——黄淮海夏玉米密植高产精准调控技术模式（漯河模式），希望能够以更低的水肥资源、人工投入和经济成本代价生产出更多的优质玉米籽粒，为夏播区玉米产量、效益和资源利用效率的协同提升提供有力的科技支撑。

第二章

玉米密植高产精准调控技术原理

第一节 合理密植是玉米增产的主要途径

一、合理密植是国内外玉米增产的主要途径

玉米群体产量取决于品种遗传特性、环境条件和种植密度三者的相互作用。据报道，玉米产量增益中21%来自种植密度的增加。自20世纪80年代以来，在玉米生产中，由于选育和推广耐密抗倒品种、增施化肥和大面积应用测土配方施肥技术、改善灌溉条件、缩小行距及耕作、病虫草害防治水平不断提高，世界玉米的种植密度不断增加，增密种植成为玉米生产先进国家大面积实现高产的关键措施与发展趋势。

中美玉米发展历程均表明玉米产量的提高与种植密度的增加密切相关。由图2-1可见，美国20世纪30年代玉米种植密度约为2 000株/亩，当时产量水平仅有100～130 kg/亩；70年代达到每亩3 000株左右，玉米单产接近400 kg/亩；80—90年代种植密度增加到4 000株/亩，产量提高到500 kg/亩；近年玉米带的种植密度增加至每亩5 500株左右，产量达到700 kg/亩以上。美国玉米种植密度在20世纪30—60年代增速为17株/（亩·年），70年代后增速明显加快，20世纪60年代至21世纪10年代增速达到43株/（亩·年）。与此同时，20世纪30—60年代，美国玉米产量增益约为4 kg/（亩·年），而20世纪60年代至21世纪10年代则上升到8.7 kg/（亩·年）。中华人民共和国成立之初，我国玉米生产水平较低，玉米种植密度不到1 000株/亩，产量仅有60～70 kg/亩。中华人民共和国成立70多年来，随着科技进步、投入增加和生产管理水平的提高，玉米种植密度逐年增加，目前，全国玉米种植密度4 000株/亩左右，平均产量达到429.1 kg/亩；河南省玉米收获株数大约在4 200株/亩，平均单产400 kg/亩左右，与美国相比，种植密度和单产均有较大差距，特别是近20年这一差距仍在持续拉大（图2-1）。

分析美国玉米高产竞赛获胜者的种植密度（图2-2）可见，全美2010—2020年最高产田块的平均收获株数为7 933株/亩，分布范围为6 333～9 200株/亩；与多次获得竞赛第一名的Francis Childs 1994—2002年高产田平均6 838株/亩相比，收获株数明显增加。

第二章 玉米密植高产精准调控技术原理

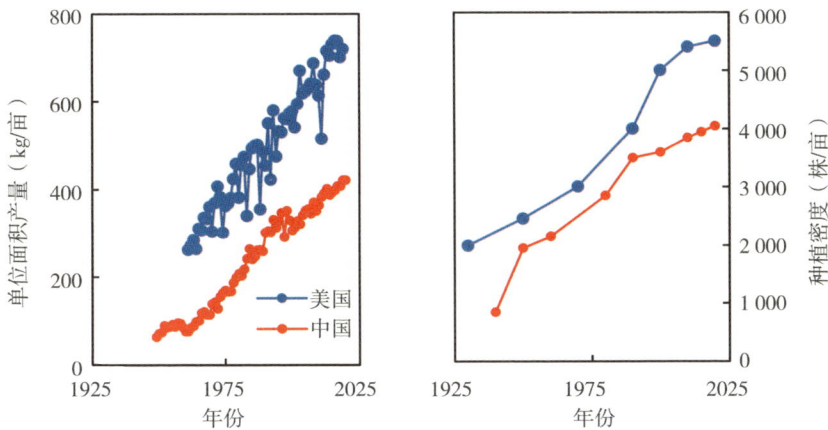

图 2-1 中美玉米种植密度和单产的变化
注：根据文献和实地调查整理。

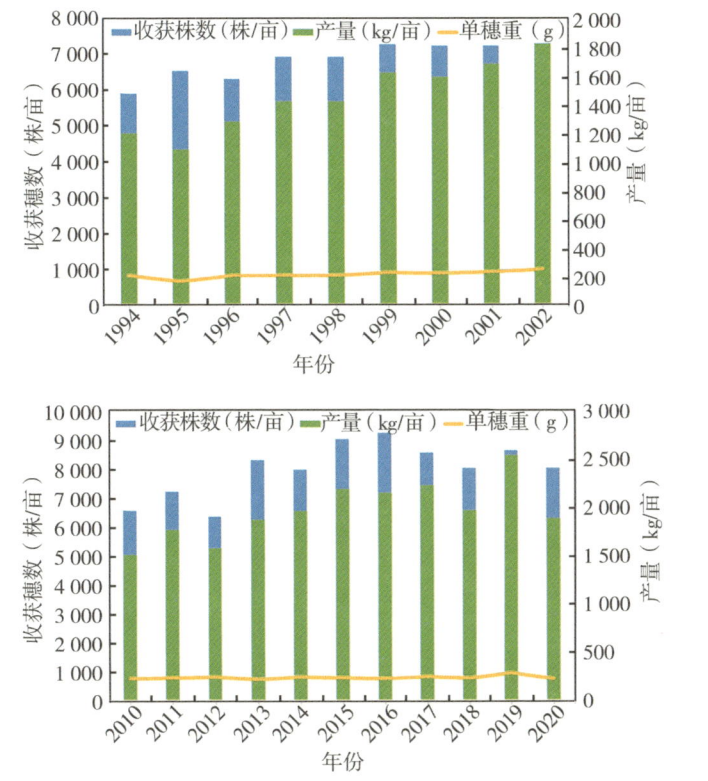

图 2-2 美国玉米高产竞赛产量水平与收获株数及单穗重
注：根据美国历年玉米高产竞赛报告数据整理。

在玉米各项增产因素中，合理密植是最经济有效、易于控制和推广应用的增产措施，也是各地实现高产突破的关键。对2005—2008年经全国玉米栽培学组和农业农村部玉米专家指导组验收的57块吨粮田（亩产超过1 000 kg）分析表明，吨粮田的种植密度平均达到5 733株/亩，随着种植密度的提高，玉米收获穗数显著增加，与穗粒数、千粒重相比，产量与收获穗数的相关度最高（$r=0.946^{**}$），这表明在产量构成因素中，通过增加种植密度来增加单位面积穗数是最容易实现产量提高的（图2-3）。2020年在新疆奇台农场创造的全国玉米高产纪录田每亩播种9 000粒，收获穗数达到8 642穗。2022年在河南省采用玉米密植高产精准调控技术主要示范片的平均单产为910.27 kg/亩，其收获穗数达到5 719.1株/亩，其中最高为6 013.2株/亩，最低为5 401.1株/亩（表2-1），均是通过增密实现产量突破的。

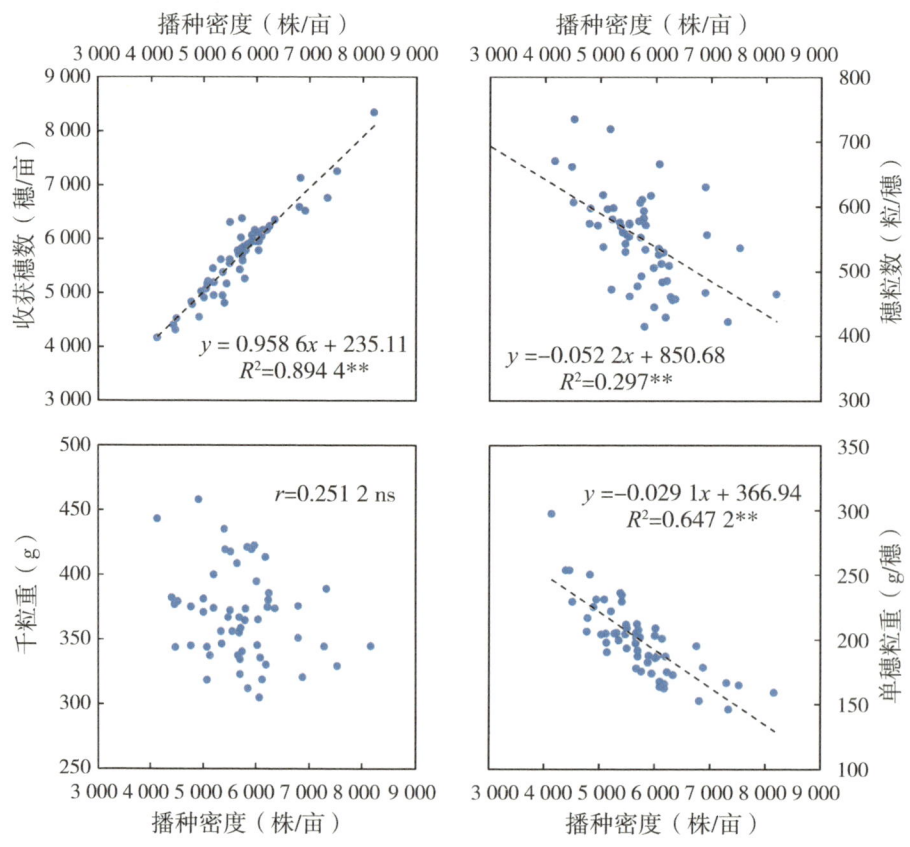

图2-3 "吨粮田"玉米种植密度与产量结构因子间的关系

注：** 表示在 $P<0.01$ 水平差异显著；ns 表示差异不显著。

第二章 玉米密植高产精准调控技术原理

表 2-1　2022 年河南省夏玉米密植高产精准调控技术示范田产量及产量结构

地点	品种	单产（kg/亩）	穗数（穗/亩）	穗粒数（粒/穗）	千粒重（g）
漯河市临颍	隆创 310	924.61	5 669.1	453	404.6
漯河市舞阳	隆平 638	930.88	5 401.1	488	438.7
商丘市虞城	中玉 99	895.39	6 013.2	420	358.9
鹤壁市淇滨区	迪卡 653	904.09	5 900.0	388	417.9
安阳市安阳	豫单 976	896.36	5 612.3	416	434.1
平均		910.27	5 719.1	433	410.8

2022 年，采用玉米密植高产精准调控技术，河南漯河舞阳县莲花镇试点在每亩 4 000 株和 6 000 株两种密度下，种植中单 8812、农华 5 号、京农科 728、农华 803、K1998、迪卡 688、中农大 688、联科 96、郑原玉 432、金品玉（吉祥一号）共 10 个品种，结果如图 2-4 所示，6 000 株/亩下平均产量为 719.92 kg/亩，4 000 株/亩的为 521.74 kg/亩，增密种植后产量平均提高 37.98%。2023 年，采用玉米密植高产精准调控技术，河南省种植大户亩收获穗数超过 6 000 穗/亩，平均亩产达到 1 057.9 kg/亩，较县平均亩产提高 80.1%；亩收获穗数低于 6 000 穗/亩，平均亩产达到 918.6 kg/亩，较县平均亩产提高 62.4%（表 2-2）。

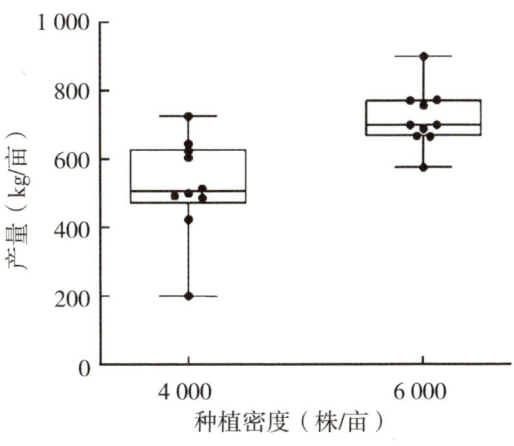

图 2-4　增密种植对玉米单产的影响（舞阳，2022 年）

表 2-2　2023 年河南省不同地区种植大户夏玉米密植高产精准调控技术产量及平均产量

地点	种植品种	行距配置	亩穗数（穗）	穗粒数（粒）	百粒重（g）	亩产（kg/亩）	县平均亩产（kg/亩）
南阳市唐河县	黄金粮 MY73	三角定苗	5 582	623.9	30.9	914.0	487.2
濮阳市濮阳县	黄金粮 MY73	宽窄行	7 200	460.0	33.0	1 029.0	600.0
开封市兰考县	硕育 173	等行距	7 658	531.4	31.8	1 100.0	544.8
商丘市柘城县	联创 839	宽窄行	4 973	635.3	36.5	1 037.9	570.2
新乡市延津县	黄金粮 MY73	等行距	4 965	601.0	32.5	840.0	653.0
周口市商水县	金丰捷 501	三角定苗	7 021	482.0	35.0	1 006.8	682.8

续表

地点	种植品种	行距配置	亩穗数（穗）	穗粒数（粒）	百粒重（g）	亩产（kg/亩）	县平均亩产（kg/亩）
鹤壁市浚县	京农玉658	等行距	7 036	504.0	35.0	1 055.0	655.0
济源市	金农149	宽幅匀播	6 355	576.0	38.5	1 098.5	454.0
洛阳市偃师区	中科玉505	等行距	4 670	606.8	36.6	882.5	552.4

二、当前生产中玉米的种植密度

2022年，对我国227个玉米主产县、5 376户玉米田抽样调查，不同产区，玉米种植密度从大到小依次是西北春玉米区、黄淮海夏玉米区、北方春玉米区、西南和南方玉米区。其中，黄淮海夏播区平均亩收获穗数4 323穗，低于西北春玉米区（4 539穗/亩）（表2-3）。

表2-3　不同产区玉米收获穗数调查结果（2022年）

区域	调查样本	收获穗数（穗/亩）
黄淮海夏玉米区	70个县市、1 688户	4 323
东北春玉米区	78个县市、1 860户	3 974
西北春玉米区	28个县市、672户	4 539
西南及南方玉米区	42个县市、1 008户	3 306
平均		3 954

黄淮海夏播区玉米收获株数的变化可以分为3个阶段，其中，2005—2008年随着主栽品种逐步被郑单958、浚单20、先玉335等耐密性好的品种替代，该区域玉米种植密度呈现出快速增加态势，年均密度增长达110株/亩。随后，由于没有突破性的密植栽培理论和关键生产技术出现，区域种植密度增长陷于停滞，2009—2015年期间种植密度几乎无变化。2016年以后，由于玉米增密种植理念和技术为越来越多的农户所接受，黄淮海夏播区种植密度开始呈现出新一轮的增长，2016—2022年年均密度增长达29株/亩（图2-5）。

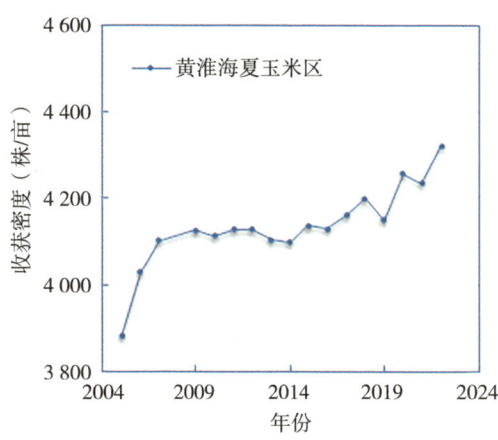

图2-5　黄淮海夏播区玉米收获株数的变化

2016—2022年阶段，河南省夏玉米区平均株数为4 085株/亩，较2009—2015年阶段的3 929株/亩增加了156株，提高3.97%；河南省各地玉米收获株数分布在每亩3 780～4 312株（表2-4）。

表2-4 河南省夏玉米不同地区种植密度变化

地点	2016—2022年		2009—2015年	
	平均种植密度（株/亩）	阶段增长率［株/(亩·年)］	平均种植密度（株/亩）	阶段增长率［株/(亩·年)］
鹤壁	4 296	48	4 154	-44
新乡	4 312	37	4 141	-7
漯河	4 162	40	4 014	-7
洛阳	3 780	40	3 631	28
平均	4 085		3 929	

三、合理密植增产原因与原则

大量的研究与生产实践表明，玉米种植密度不断增加是科学技术进步的综合体现。

（一）合理密植增产原理

提高农田单位面积产量，关键在于协调个体与群体之间的矛盾，建立合理的群体结构，使个体和群体发挥最大的效能。玉米合理密植增产的原理在于有效地利用光能、热能和充分地利用地力、水、肥资源，保证个体的正常发育、群体得到最大限度的发展，使单位面积上的穗数、粒数和粒重得到统一，从而获得高产。

（二）品种株型改变、耐密性增强为增密增产提供了品种基础

当代高产品种表现出果穗上部叶片收敛、节间延长，果穗下部节间缩短、穗位降低，穗位系数下降，雄穗分枝减少，群体光分布改善、抗倒能力增强的特点，品种耐密性增强，更有利于群体密度的有效增加（图2-6）。我国不同年代种植的代表性品种，包括20世纪50年代的农家种白鹤和英粒子；60年代的杂交种吉单101，70年代的中单2号和四单8号，80年代的丹玉13和吉单180，90年代的掖单13，2000年以来的郑单958和先玉335，由图2-7可见，随品种更替，玉米上部茎叶夹角明显变小，即株型改变是当代杂交种耐密性提高的主要原因，也是玉米产量增加的重要原因。

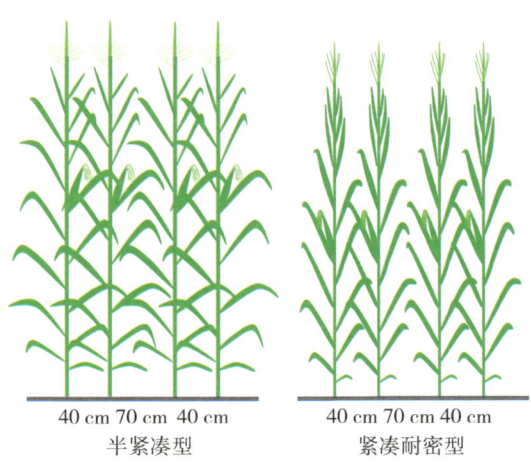

图 2-6 耐密高产品种（图右）与传统品种（图左）株型对比示意图

图 2-7 不同年代玉米品种的株型与茎叶夹角

不同年代品种的株型改变，而且不同年代玉米品种之间根系长度、根系表面积和根系平均直径存在显著差异，随着年代更替呈先升后降又升的趋势（表2-5）。

表 2-5 不同年代玉米品种根系形态特征

品种	根系长度（m/株）	根系表面积（m²/株）	根系平均直径（mm）
中单 2 号	201.68±5.15 e	0.36±0.02 d	0.44±0.02 b
丹玉 13	313.15±16.55 b	0.46±0.01 b	0.40±0.01 c
掖单 13	424.03±10.90 a	0.60±0.01 a	0.46±0.01 b
农大 108	244.03±10.63 c	0.41±0.02 c	0.45±0.01 b
郑单 958	175.70±6.91 f	0.31±0.00 e	0.46±0.00 b
豫单 606	220.75±2.62 d	0.40±0.01 c	0.52±0.01 a

注：不同字母表示差异显著。

（三）品种的适宜密植区

当密度增加到一定限度时，增产幅度减缓，继续增加密度，产量逐渐降低，即品种存在适宜密植区。不同品种在不同区域、生产水平和管理条件下适宜密植区不同，如图 2-8 所示，在美国 1987—1991 年培育的品种最佳的种植密度为 5 000 株/亩，而 2012—2016 年培育的品种最佳密度增加到 6 200 株/亩，提高了 1 200 株/亩。因此，不同品种要在合理的范围内增密才能达到增产目的。

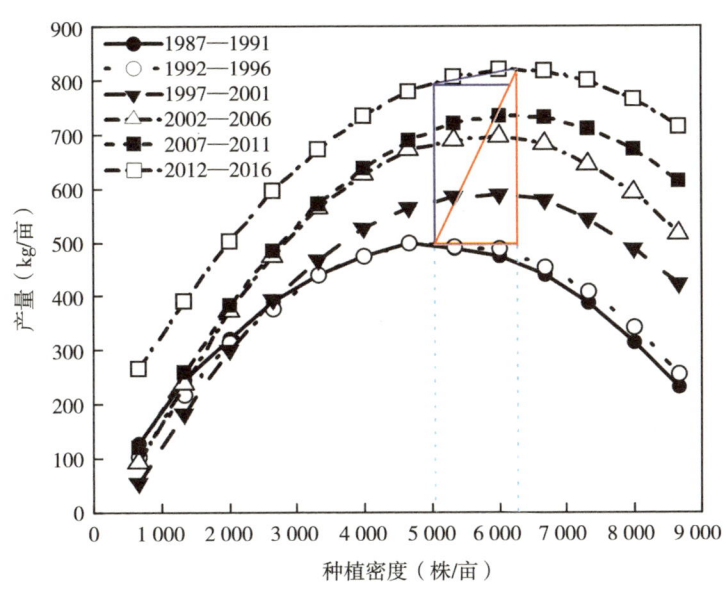

图 2-8　不同年代玉米品种产量随种植密度的变化

数据来源：Assefa et al.,（2018）。

（四）滴灌水肥一体化精准调控可有效提高品种适宜密植区

玉米种植生产水平越高（包括品种、土壤肥力、施肥水平、灌溉条件、病虫草害防治、生产管理水平等）及气候条件越适宜，最适宜的种植密度越大。滴灌水肥一体化技术可以分次施用水肥，满足密植群体全生育期内的水肥需求，精准调控玉米生长发育的水肥供应，提高玉米生长整齐度，有效增加玉米种植密度，实现高产增效。2022年河南漯河试验结果显示（图2-9），滴灌水肥一体化条件下的最高产量超过1 000 kg/亩，对应密度为5 000株/亩。

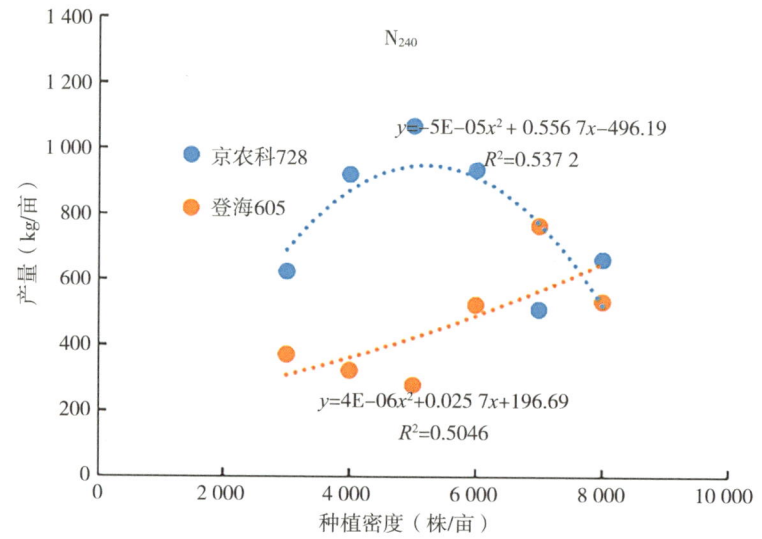

图2-9　滴灌水肥一体化下玉米产量对种植密度的响应（河南漯河，2022年）

（五）合理密植的原则

早熟、矮秆、耐密品种宜密，晚熟、高秆、株型松散、耐密性差的品种宜稀；一般中、小穗型的品种适宜密植，大穗型品种适宜稀植；在肥力较高的地块上适宜增密的范围较宽，在中低肥力地块上适宜增密的幅度较窄；降雨或灌溉条件好的地区，如实施滴灌水肥一体化可适当密植，干旱或水浇条件差的地区可适当稀植；水肥管理水平高的宜密；不同生态气候地区因纬度、温度、日照、地势等自然因素不同，适宜的密度范围不同。因此，合理密植应根据当地的气候条件、土壤条件、品种特性、生产条件与管理水平以及生产目的确定。

在河南省夏播玉米区，影响玉米种植密度提高的诸多因素中，有人为可控的因素：如品种选择、施肥、灌溉、除草、防治病虫害等技术措施；也有不可调控的自然因素：如光照强度、降雨、温度等因素，这些因素都将成为增密高产的限制因素。玉米密植精准调控高产技术作为一种积极性的合理密植技术，即通过筛选耐密、抗病、抗倒品种、土壤耕层构建、导航精量播种、滴水齐苗、化学调控与病虫草害综合防控等技术集成构建高质量的群体，通过滴灌水肥一体化实现精准调控，创造条件实现种植密度的有效增加，提高生产管理水平，获得更高产量和效益。

第二节　滴灌水肥一体化实现玉米精准调控

一、河南省夏玉米区灌溉与施肥技术的发展

河南省夏玉米区生长季气温较高，蒸发量大，降水比较集中，夏季降水量占全年的 70% 以上，但水量分布不均匀，特别是北部水资源不足，常发生季节性干旱，需要进行补充灌溉；南部水分充足但分布不均，易发生涝害和短期的干旱。麦茬直播玉米播种时遇干旱，需要进行造墒播种或播后灌溉，关键生育期遇旱需要及时进行灌溉。早期的灌溉方式主要是大水漫灌或畦灌，为节约灌溉用水，可采用隔行灌水或播种沟灌水方式。在 20 世纪 80 年代，引进了喷灌设施进行喷灌。喷灌是利用一定的压力将水经过田间的管道和喷头喷向空中，使水经拔打后散成细小的水珠，像降雨一样均匀地喷洒在植株和地面上的灌溉方法，它是一种比较先进的灌溉技术。2010 年之后，玉米生产上开始尝试微喷灌、自走式喷灌等。

河南夏玉米的施肥方式也多样化，过去在大水漫灌条件下，施肥主要是基肥加拔节期追肥为主，一般 60%～70% 的肥料作为基肥施入，30%～40% 的肥料在拔节期至小喇叭口期作为追肥施入，前茬小麦秸秆还田地块以施氮肥为主，配合一定数量磷肥和钾肥，并补施适量微肥，其中 1/3 氮肥和全部磷肥、钾肥、微肥随播种侧深施，其余 2/3 氮肥于拔节至小喇叭口期前后进行侧深施（10 cm 左右）。随着玉米生产机械化程度的提高，也为了省工高效，目前绝大部分农户采用种、肥异位同播"一炮轰"的施肥方式，即所有肥料在播种时作为基肥一次性施入。该施肥方式带来的最大问题是玉米前期容易旺长，植株下部节间长、茎秆脆弱，抗倒能力差，后期则容易脱肥，属于"前重型"的施肥方式。随着缓控释肥发展，一次性施肥中加入了缓控释肥，后期脱肥问题得到一定程度减缓。近年，随着滴灌技术的应用推广，为大田水肥一体化调控提供了便利的实施手段，但由于理念和技术限制，目前水肥一体化技术的应用面积和水平还有待进一步提高。

二、水肥一体化的概念

水肥一体化是将灌溉与施肥融为一体的一项农业新技术，借助压力系统（或地形自然落差），将肥料按土壤养分含量、产量目标和玉米的需肥规律，调

配成肥液与灌溉水一起，通过管道形成均匀、定时、定量的水肥溶液滴施在玉米根系区域，实现水和肥在根区的融合，使根区土壤始终保持适宜的含水量和肥料水平。与传统大水漫灌（沟灌）相比，滴灌一般可节水 50% 左右，节肥 40%～50%，增产 20%～40%。

三、水肥一体化的管网结构

水肥一体化系统通常包括水源工程、首部枢纽、过滤系统、田间输配水管网系统和控制软件平台等部分，还可配套田间气象监测站、土壤墒情监测站。首部枢纽系统主要包括水泵、过滤器、压力和流量监测设备、压力保护装置、施肥设备（水肥一体机）和自动化控制设备（图 2-10）。在实际生产中由于供水条件和灌溉要求不同，水肥一体化自动施肥系统可根据需要由部分设备组成应用系统。

图 2-10 玉米滴灌系统的首部

四、水肥一体化的优点和效果

通过滴灌技术，将水、肥进行一体化施用，第一，解决了"水"的问题，可按照玉米需水要求"精量和精准"供水，改按"次"灌水为按"需"、按"量"灌水，同时实现了根区的精准灌水，真正实现了精准、节水灌溉。第二，解决了玉米追肥"难"的问题。玉米植株高大，追肥困难，中后期需肥量大、易脱肥是限制玉米增产的瓶颈，水肥一体化可实现轻松追肥，可按玉米需肥规律分次给肥、定量给肥，使玉米穗大粒饱，实现增产。第三，解决了玉米密度低、整齐度差的问题。水肥一体化可以通过滴水出苗保证玉米苗齐、苗全和较高的整齐度，避免缺株、弱苗、空秆、小穗，从而有效提高玉米种植密度。第四，滴灌可以实现玉米生育中后期追肥，改传统种肥同步"一炮轰"的"前重型"施肥为分次按需施肥，避免了前期旺长、后期早衰，增强玉米抗倒伏能力。第五，解决了玉米生产中浇地用工"贵"的问题，用滴灌比沟灌、漫灌节省人工费用 50% 以上，可以提高人均土地管理定额。第六，滴灌也可以实现各类灾害的应变管理，在应对各种类型自然灾害方面有特别的优势，如干旱和高温发生时，滴水造墒、降温；涝害发生时，以水带肥，及时补充养分供应，缓解涝灾影响。在满足玉米生长发育之需的前提下，通过水肥精准调控，使玉米朝着高产、资源高效和抗逆减灾的方向发展，是实现密植高产玉米精准调控的重要手段。

第三节　玉米密植高产群体构建

玉米生产的实质是群体光合产物形成、积累与分配，即通过群体光合作用形成生物产量和经济产量。籽粒产量是生物产量中的一部分，占总生物量的50%左右。因此，高产首先要有高的生物产量，而高的生物产量可通过增加密度，增大群体来实现。但增大群体后，植株个体之间的竞争加剧，出现株高、穗位增高，茎秆细弱，遇风易倒伏倒折；群体增大后个体间差异造成植株间不平等的竞争，使群体整齐度进一步下降，出现空秆和大小穗；在玉米吐丝后，抗病性降低，冠层通风透光变差、中下部叶片枯黄，出现早衰现象，穗粒数和粒重下降，结果增密不增产，生产风险徒增。因此，构建密植抗倒整齐防衰的群体是实现高产突破和密植高产精准调控技术模式的关键。

一、玉米高产群体的特征

通过对全国玉米高产纪录田（1 663.25 kg/亩，新疆奇台，2020年）、漯河密植滴灌玉米田（924.61 kg/亩，河南临颍，2022年）及稀植漫灌对照田（604.28 kg/亩，河南临颍，2022年）（图1-2，图2-11，表2-5）群体特征分析可见，密植高产群体应具有以下特征。

图2-11　密植滴灌精准调控玉米群体长相（左图：新乡；右图：漯河）

（一）群体数量足、结构优

全国高产纪录田和河南漯河滴灌水肥一体化高产田的玉米播种密度分别为 9 000 粒/亩和 6 000 粒/亩，收获穗数分别为 8 642 穗/亩和 5 669 穗/亩，群体粒数分别达到 474.6 万粒/亩和 257.0 万粒/亩；吐丝期最大叶面积指数（LAI）分别达到 8.9 和 6.8，而漯河稀植漫灌对照田收获穗数为 3 703 穗/亩，群体粒数为 166.6 万粒/亩，最大 LAI 为 6.2，高产田表现出群体源大、库足的特征。此外，据群体结构分析，高产田群体植株生长均匀，茎秆健壮，下部节间短而粗壮，中上部节间逐渐拉长，穗位以上叶间距较大，穗位高度适中；叶片在空间分布均匀，下部叶片较披散，中上部分叶片上冲，株型收敛，群体通风透光性好。其中，全国高产纪录田穗位系数（穗位高度/株高）为 0.39，穗上穗下节间平均长度分别为 20.1 cm 和 16.0 cm，穗上叶片夹角平均为 18°、穗下为 32°，群体穗位部透光率为 19%，底部透光率为 3%。对我国不同年代代表性品种在不同密度下群体的光分布测试也表明，随品种更替，新品种群体透光状况明显改善，例如，5 500 株/亩密度下，农家种白鹤穗位层透光率为 11.6%，而当代品种郑单 958 和先玉 335 分别达到 16.8% 和 19.8%，较农家种白鹤高出 5.2 个百分点和 8.2 个百分点（图 2-12）。

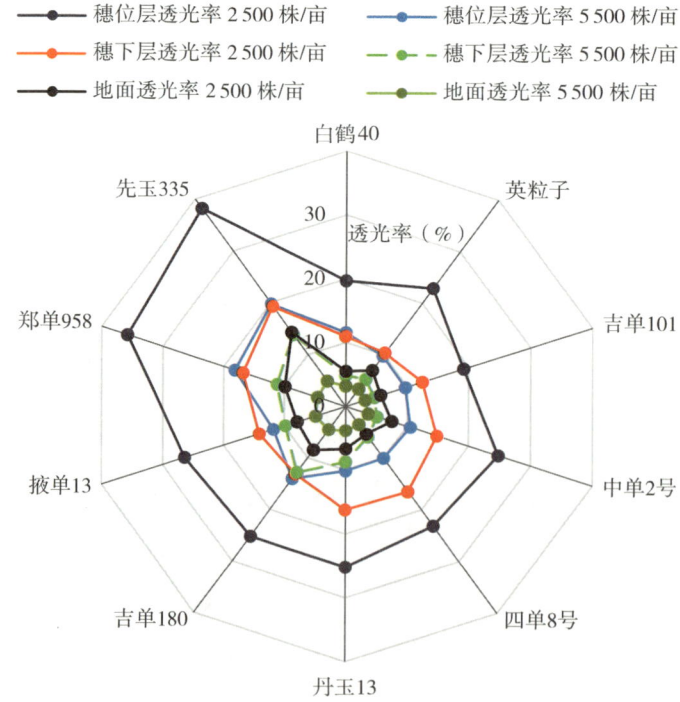

图 2-12　不同年代品种玉米群体的透光率

（二）群体抗倒性强

高产纪录田玉米具有植株茎秆韧性好，果穗以下节间较短，尤其基部2～5节间短、粗、壮，穗位高不超过株高的40%；玉米根系发达，根系分布深而广，根条数多，气生根2～3层，群体抗倒性强。试验证明，不同年代品种的抗倒性也随着品种更替明显增强（图2-13）。

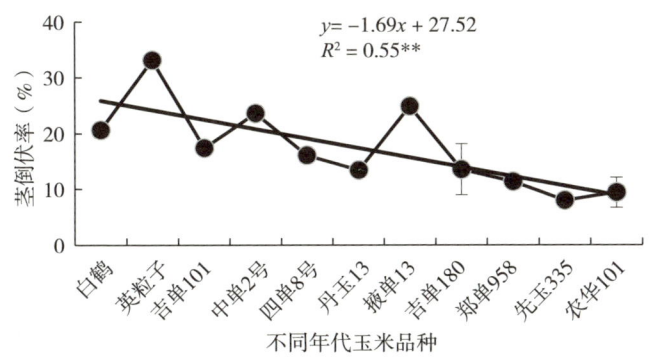

图2-13　不同年代玉米品种的倒伏率

（三）群体整齐度高

密植高产群体表现在出苗整齐一致，生长发育整齐一致；茎秆粗细一致，植株的高度、穗位高度整齐一致；植株间叶片数量、大小、着色整齐一致；叶片衰老进程一致、果穗成熟度一致；果穗大小整齐一致。

（四）群体不早衰

高产玉米籽粒产量主要来自花后群体光合物质生产。其中，全国玉米高产纪录田花后物质生产量占籽粒产量的95.6%，因此高产群体要有较高的叶面积和光合能力，并保持较长持绿时间，灌浆充足。全国高产纪录田和漯河高产田成熟期LAI分别为4.2和2.4，田间观察吐丝期穗位以下叶片无黄叶现象，乳熟后期穗位三叶及以上叶片无黄叶，成熟期仍有一定的绿叶面积。全国高产纪录田和漯河高产田花后光合时间分别达到81天和61天，较漯河普通稀植漫灌的对照田分别长26天和6天（表2-6）。

（五）群体生物量大

高产研究和文献分析均表明，在不同产量水平下，玉米产量与群体生物量均呈极显著的线性关系，亩产大于1 000 kg时，产量与收获指数关系不大（图2-14），因此，产量的突破取决于群体生物量的增加。全国高产纪录田和漯河高产田收获期的生物量分别达到2 754 kg/亩和2 146.6 kg/亩，光能利用率达到了2.49%和2.11%，较河南漯河稀植漫灌传统生产方式的对照田生物量分别提高了

939.7 kg/亩和332.3 kg/亩，光能利用率相应提高了0.65个百分点和0.27个百分点。此外，高产田表现出较高的花后群体干物质生产，全国高产纪录田和漯河高产纪录田花后干物质积累率分别达到57.7%和56.0%，较稀植漫灌传统生产方式对照田（46.1%）分别提高了11.6个百分点和9.9个百分点。

表2-6　不同产量水平玉米田关键指标对比

项目	全国高产纪录田（新疆奇台，2020年）	漯河密植滴灌水肥一体化高产田（河南临颍，2022年）	漯河稀植漫灌对照田（河南临颍，2022年）
品种	MC670	隆创310	隆创310
产量（kg/亩）	1 663.25	924.61	604.28
收获穗数（穗/亩）	8 642	5 669	3 703
群体粒数（粒/m²）	7 118	3 855	2 500
（万粒/亩）	474.6	257.0	166.6
成熟期干物质（kg/亩）	2 754.0	2 146.6	1 814.3
光能利用率（%）	2.49	2.11	1.84
花后干物质积累率（%）	57.7	56.0	46.1
籽粒产量占花后物质生产量（%）	95.6	74.5	72.7
吐丝期LAI	8.9	6.8	6.2
成熟期LAI	4.2	2.4	2.2
吐丝后光合势（m²·天）/m²	530.6	294.1	253.3
花后光合时间（天）	81	61	55

全国玉米高产纪录田和河南夏玉米区高产田是采用玉米密植高产滴灌精准调控技术模式创立的。在合理增加种植密度基础上，通过选用耐密抗倒新品种、适宜单粒精播的高质量种子、种子精准包衣、高质量整地与精量导航播种、滴水出苗、化学调控以及耕层构建等关键技术，提高了苗的均匀性和群体整齐度，为提高收获穗数奠定基础；通过水肥一体化精准调控技术，实现了按照玉米需水需肥规律灌水和施肥，在保证一定收获穗数的基础上，提高单穗粒数和千粒重，构建了密植抗倒、整齐度高、叶片功能期持续时间长的高质量群体，获得了较高的群体生物量，达到了增密增产增效的目标。

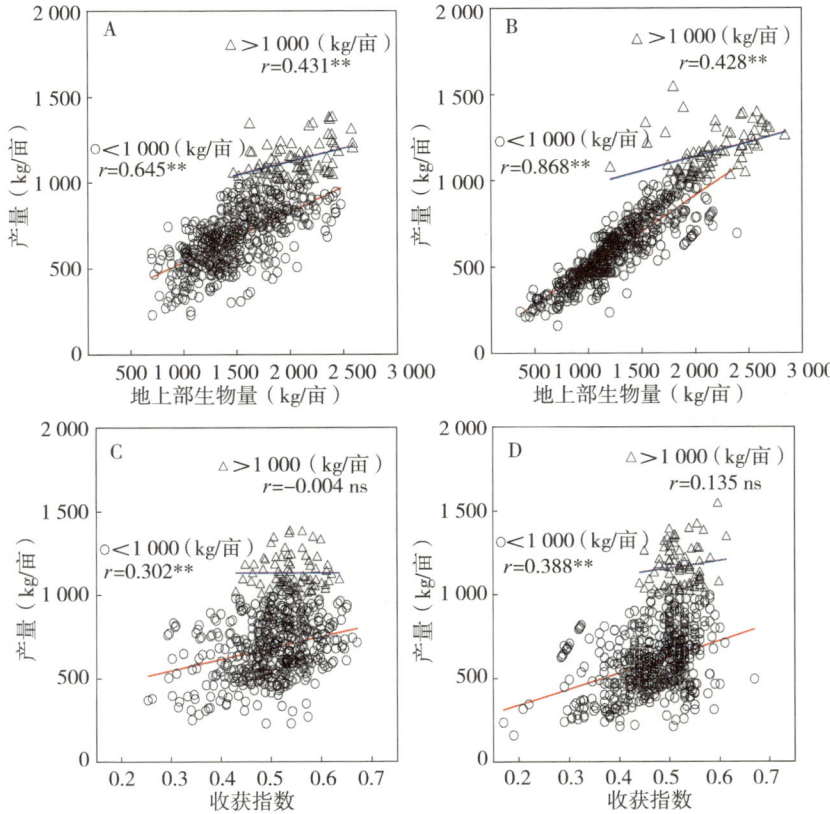

图 2-14 玉米群体产量与生物量、收获指数的关系
注：A 和 C 为试验数据；B 和 D 为文献数据。

二、密植群体常出现的问题

倒伏、空秆和小穗、早衰及抗逆性降低等是玉米增密种植后经常会遇到的问题，了解其发生原因，为制定针对性的解决方案和关键技术提供依据。

（一）倒伏

增加种植密度后，茎秆变得瘦弱、细高，根系浅而少，遇风雨天气易发生倒伏（图 2-15）。倒伏包括根倒、茎倒和茎折，其产生的主要原因包括以下几个方面。

品种自身抗倒伏能力弱。不同品种间抗倒伏能力存在显著差异，而且同一品种不同时期抗倒性存在明显差异，如有的品种在孕穗期易倒伏，有的品种在灌浆期易倒伏，还有一些品种在生理成熟后抗倒性差。

种植密度不合理。不同品种均有其最适宜的种植密度，当密度超过其最适密度范围后，易发生倒伏。

耕层浅。耕层浅造成根系分布浅、发育差，遇到风雨天气极易造成根倒。

水肥管理不科学。玉米生育前期施肥量大、降水或灌水多，特别是"一炮轰"式的施肥方式，导致地上部生长旺盛，中下部节间细长，根系下扎浅，后期出现脱肥早衰，易感茎腐病，抗倒能力差。

病虫害影响。玉米螟、桃蛀螟等钻蛀性害虫钻蛀茎秆后会造成茎折倒伏，感染茎腐病后也容易茎折倒伏，其他如大斑病、灰斑病、南方锈病、蚜虫、红蜘蛛为害后造成植株早衰也会产生倒伏。

图 2-15　玉米田间倒伏

（二）空秆、大小穗

密植栽培玉米如果出苗时间、生长发育不一致、空间分布不均匀等，都会造成空秆和大小穗（图 2-16）。据调查，相邻植株叶龄相差 2 片以上，叶龄小的植株单株产量下降 35%～47%。产生的原因主要包括以下几点。

种子质量。种子发芽率低，或种子大小、活力高低不一致均会造成群体的不一致，从而产生空秆和大小穗现象。种子发芽率低，造成出苗不齐，苗分布稀的地方果穗大，而分布稠密处就会产生小穗；大小不一致的种子混在一起播种，主要影响种子在空间分布的均匀性，小粒种子多时会出现一穴分布 2～3 粒种子，产生拥挤现象，而遇大粒种子时又会造成"空穴"现象，拉大株距，由此造成田间株距分布不均匀，拥挤在一起的易空秆或产生小穗；种子活力高低不同时首先是出苗不一致，其次是生长速度存在差异，均易造成大小株进而产生大小穗。

耕地质量不高。耕层浅、质地与养分不均匀、盐碱危害等也容易产生植株生长的不均匀，造成大小株，从而发展为大小穗，生长弱的植株会变成空秆。

整地质量差。整地质量差会造成土壤软硬、干湿不均，土壤板结，前茬作物根茬、秸秆覆盖、残膜等均会影响种子吸水萌动的一致性，从而产生大小苗。

播种质量不高。播种深浅不一致、覆土多少不一致、种行镇压轻重不一致、播种作业速度等均会造成出苗早晚的不整齐，出现大小苗现象。调查表明，加快播种作业速度会增大粒距的标准差，玉米机械播种作业速度在 6.4～11.3 km/h，当速度高于 6.4 km/h 时，粒距标准差随着播种速度增大呈线性增加趋势，速度每增加 1 km/h，粒距标准差增加 0.4～0.6 cm，产量降低 5.2 kg/亩；同时，也会增大播种深度的不一致性、降低种子与土壤紧密接触的一致性，最终增大出苗时间的不一致性。通过对玉米不同播种深度的研究表明，播深增加后出苗每晚 1 天，产量下降 5.25%。

图 2-16 整齐度较差的玉米田

病虫草害。当玉米田苗期出现病虫草为害时，由于病虫草害并非均匀发生，受害植株生长一致性受到影响，表现生长变慢，导致缺苗和大小苗现象，地下害虫和地上部害虫（蓟马、蚜虫、灰飞虱）等病虫为害重时也会造成苗畸形和空秆。

（三）早衰

玉米密植栽培群体大，植株抗性降低，水肥需求量增大，如果不能很好地予以满足，就会发生早衰（图 2-17）。产生的主要原因如下。

群体过密。种植密度过高，株行距配置不合理，冠层通风透光变差，中下部叶片枯黄，容易出现早衰现象。

病虫为害。中后期的病虫害如茎腐病、叶部斑病、玉米螟、蚜虫和红蜘蛛等。

中后期脱肥。土壤耕层浅、地力薄，水肥施用不合理，玉米根系发育较差，增密种植后，由于植株间对耕层水分与养分竞争的加剧，导致根衰而后引起地上部衰老。

三、构建密植高产玉米群体

（一）密植抗倒群体

种植密度增加，加剧了植株个体间对光、水、肥等的竞争，玉米抗倒性降低，解决的关键技术如下。

筛选耐密植抗倒品种。品种是群体抗倒

图 2-17 早衰的玉米群体（乳熟期）

图 2-18　在高密度高压胁迫环境下筛选耐密抗倒玉米品种

的内在因素，筛选和选用耐密抗倒性强的品种是密植高产精准调控技术模式的核心技术之一。可在密植栽培大田生产预期密度基础上增加 1 000～2 000 株/亩，通过设置高密度高压胁迫环境，筛选耐密抗倒品种（图 2-18）。

安全的密度范围。即便是选用了耐密植品种，其种植密度也应根据品种特性和当地气候、土壤、生产条件和管理水平等进行更为精准的确定，确保在适宜的密度范围内，才能避免倒伏的发生。

构建合理的耕层。构建土壤结构合理、耕层深厚，肥力基础好的耕层，为形成健康而深广的根系提供土壤基础。

化学调控。在 6～8 展叶期喷施玉米专用生长调节剂，以控制下部节间伸长速度，特别是常发生倒伏倒折的地上 2～5 节间的长度，增强其茎秆强度，降低穗位高，并促进根系下扎，提高植株抗倒性。

水肥精准调控。改变"一炮轰"施肥方式，按照玉米水肥需求规律，通过滴灌水肥一体化技术满足密植高产群体的需求。在玉米拔节前适度蹲苗控水、减少氮肥用量，防止前期旺长、后期早衰。

病虫害防控。苗期病虫害主要通过生态调控、品种抗性和种子包衣技术解决，中后期病虫害，通过大喇叭口期至抽雄前以及吐丝后 15～30 天施用 1～2 次长效防病防虫、杀虫杀菌药剂来预防。

（二）高整齐度的群体

高产群体一定是一个高整齐度的群体，而若要群体整齐度高，应从出苗整齐一致抓起，若要出苗整齐一致，首先要提高种子质量，然后是整地质量、播种质量和滴水齐苗。在出苗整齐一致的基础上，通过水肥精量调控，最终实现整个生长期间群体的高整齐度（图 2-19）。关键技术如下。

选用精品种子。高质量的种子是苗齐、苗全、苗匀、苗壮的基础，种子质量要求至少满足《粮食作物种子质量标准——禾谷类》（GB 4404.1—2008）对杂交种玉米单粒播种种子质量的规定，同时，种子应进行分级，大小一致的种子放在一起播种。

种子精准包衣。根据当地苗期病虫害发生情况，选用对目标病虫害有效成分的种衣剂精准包衣；对缺乏有效成分的种衣剂包衣效果不好的种子，应选用针对目标病虫害的种衣剂进行二次包衣，一方面是增强播种到出苗后 50 天内的种、苗对地下害虫、土传病害和苗期病虫害的防御能力，另一方面可以显著提高种子活力和苗的健壮程度，起到苗全、苗壮作用。

提高整地质量和播种质量。高的整地质量是高的播种质量的基础，而高的播种质量又是苗全、苗齐、苗匀、苗壮的基础。

滴水齐苗。为确保种子出苗整齐一致，播种后立即接通滴灌滴出苗水，根据土壤墒情和天气条件来确定适宜的滴水量，这是玉米密植高产精准调控技术模式中确保出苗整齐一致的一项关键技术措施。

水肥一体化调控技术。根据玉米生长发育需求，通过水肥一体化施用，精准调控肥水施用和群体的生长，使之朝着高产群体方向发展。

图 2-19　密植滴灌高整齐度的玉米群体

（三）健康不早衰的群体

玉米籽粒产量主要来自花后光合生产，在较高的种植密度下，如何保证吐丝后灌浆过程中叶片、根系不早衰，延长光合时间和灌浆时间，从而最大程度地增加粒数和粒重（图 2-20），关键技术如下。

宽窄行种植，提高密植群体水肥供应的均匀性和通风透光性。在河南夏播区建议选择 40 cm+80 cm 或 30 cm+80 cm 宽窄行种植，滴灌带布设在窄行内，以保证水肥能均匀提供给所有植株，使生长均匀一致。

水肥运筹。按玉米水肥需求规律，通过水肥一体化进行水、肥运筹。

根系健康。高质量的群体包括健康的根系及其合理的空间分布。通过结合保护性耕作深松深翻改良土壤结构、持续培肥地力，培育健康的根系。

病虫害综合防控。对玉米螟、黏虫、棉铃虫和桃蛀螟等重要害虫，要在喇叭口期和吐丝期进行防控；叶部病害重的地区和田块可以在吐丝前后喷洒杀菌剂延缓病害发生。

图 2-20　成熟期密植滴灌玉米的群体长相
（临颍，2022 年）

第三章
玉米密植高产精准调控关键技术

第一节 管网铺设

滴灌是一种精密的灌溉、施肥方法，利用低压管道系统，将水及其肥料直接输送到田间，再通过安装在毛管上的滴头、孔口等灌水器，将水及肥液一滴一滴均匀而又缓慢地滴入作物根区附近土壤中，使作物根系最发达区的土壤经常保持适宜的湿度和养分浓度，使土壤的水、肥、气、热、微生物活动，始终处于良好状况，为作物高产稳产创造有利条件。滴灌属于局部灌溉技术。

一、滴灌系统简介及其田间管网设计的依据

滴灌系统首先要有水源，水源可以是地下水（机井）、也可以是河水（蓄水池），在机井或蓄水池等水源处先要建设一套滴灌系统的首部（图3-1），主要包括驱动潜水泵的电机（或汽柴油机）、潜水泵、过滤器、施肥装置（施肥罐）等部件，潜水泵连接的主管可采用直径90 mm的PE管，主管负责把水输送到田间，支管连接在主管上，负责把主管中的水进一步分配到田间不同的轮灌区组，支管可采用直径63 mm的PE管，根据水源位置和地块形状来布设主管和支管。其中支管垂直于种植方向布置，根据水泵出水量和扬程来设置轮灌区，一般可每隔20～50 m设置一个轮灌区。毛管（也称为滴灌带）连接在支管上，负责把支管中的水分滴灌到作物的根区。

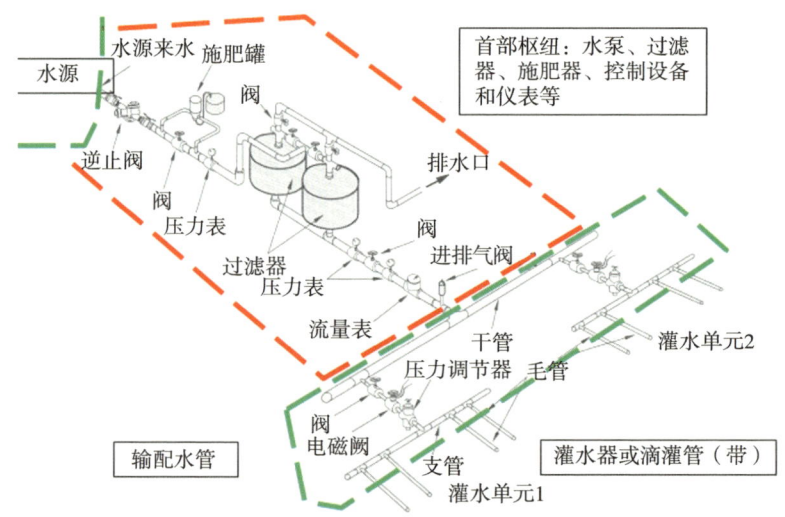

图3-1 玉米滴灌系统的首部及其系统组成

滴灌系统首先要进行管网的设计与铺设,在管网铺设设计时可参考的标准和技术规范文件包括:《灌溉与排水工程设计规范》(GB 50288—2018)、《节水灌溉技术规范》(SL 207—1998)、《水利建设项目经济评价规范》(SL 72—2013)、《水利水电工程等级划分及洪水标准》(SL 252—2017)、《低压管道输水灌溉工程技术规范 井灌区部分》(SL/T 153—1995)、《管道输水灌溉工程技术规范》(GB/T 20203—2017)。

二、管网布置形式

管网布置作为滴灌工程的主体,要求管路要短、效果要好、结构要简单,要便于管理操作,要适应玉米种植生长需水、需肥要求,保证运行安全。管网铺设要因地制宜,要考虑地块的形状、大小、水源位置、地块坡度以及气候条件等因素。因此,生产上根据水源的位置和地形条件等因素,管网布置一般有"一"字形、"王"字形、梳齿形、"T"形、"干"字形和"工"字形。"一"字形和"王"字形干管布置形式适用于水源位置位于地块中线一端的中央位置,控制面积较大的滴灌系统。梳齿形布置,适用于水源位于地块某一角的滴灌系统。"T"形和"干"字形适用于水源位于地块中部的滴灌系统。"工"字形适用于水源位于田块中心位置,控制较大面积的滴灌系统。

三、管网布置方法

对于地块规整成长方形的,管网布置常用"王"字形和长"一"字形。下面以"王"字形管网布置为例作介绍。"王"字形布置各级管道应相互垂直,以使管道最短而控制面积最大。分管道垂直于主管道(Φ110 mm、Φ140 mm、Φ160 mm),支管(Φ63 mm、Φ75 mm、Φ90 mm)垂直于分管道(Φ110 mm、Φ140 mm、Φ160 mm),而滴灌带(Φ16 mm)垂直于支管道。面积较小的地块可无分管道,即支管道直接垂直于主管道。在面积较大地块,分管道与主管道通常情况需要地埋(埋深在50 cm以下),滴灌带必须与垄行保持平行,同时尽量对称。支管一般为双行布置,分管道上出水口间距根据轮灌组大小确定,一般100~120 m,支管长度25~50 m,一般可接20~42条滴灌带,滴灌带与支管交接后双向工作长度100~130 m,单向工作长度宜为50~65 m,末端截断打结。以单井出水量50 m³/h、控制灌溉面积120亩为例,管网布置为主管道—分管道—支管—滴灌带,浅埋滴灌工程典型布置详见图3-2。

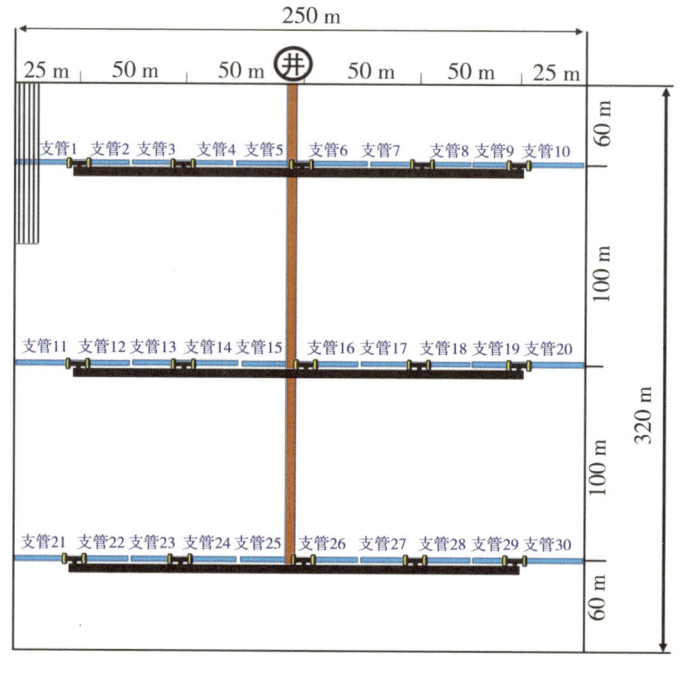

图 3-2 玉米滴灌系统组成及管网、轮灌组设置示意图

资料来源：李金琴（2018）。

四、轮灌组划分及轮灌方式

滴灌系统普遍采用轮灌运行的工作制度，分为支管轮灌和辅管轮灌两种形式，但以支管轮灌更为普遍，现以支管轮灌介绍轮灌组划分方法及轮灌方式。支管轮灌划分为不同的轮灌组，各轮灌组单次灌溉面积应尽量相同或相近，以使水泵工作稳定，提高灌溉效率。可根据整块地面积、地形地势、水泵出水量、干支管承载流量、控制阀门数量、干支管打开数量和灌溉周期及田间管理要求确定轮灌组面积，原则是轮灌组内各支管压力流量应平均分配，使系统压力均衡，保证灌水的均匀性，一般在 10～20 亩为宜。也可通过检测轮灌组毛管首端水压及毛管末端滴水是否正常进行轮灌组划分合理与否的检验。具体方法是在滴灌带首端安装压力表，然后打开最远端出水口（支管）阀门，开启水泵，观察滴灌带末端滴水是否正常，依次开启中间阀门，观察滴灌带首端压力表读数，如果压力在 0.05～0.25 MPa，且滴灌带末端滴水正常，则该轮灌组划分合理。轮灌顺序可自

上而下，也可自下而上进行。一个滴灌系统，一般把支管划分为若干组，每次开启两条或 3 条支管。例如，水泵出水量为 50 m^3/h，则开启两条支管，设 15 个轮灌组；如果水泵出水量为 63 m^3/h，则开启 3 条支管，设 14 个轮灌组；支管轮灌划分如图 3-2 所示，支管轮灌阀门开启顺序见表 3-1。

表 3-1 支管轮灌阀门开启顺序

轮灌组号	支管序号	轮灌组号	支管序号	轮灌组号	支管序号
1	1	6	11	11	21
	2		12		22
2	3	7	13	12	23
	4		14		24
3	5	8	15	13	25
	6		16		26
4	7	9	17	14	27
	8		18		28
5	9	10	19	15	29
	10		20		30

第二节　品种选择

品种是高产的内在因素，选择耐密抗倒综合性状表现优异的品种是密植栽培能否成功的关键一环。

一、品种选择的原则

（一）选择通过审定的品种

选择所在区域的国家或河南省审定的耐密抗倒品种，注意品种的适应性、耐密性、丰产性、品质、抗性（抗病、抗虫、抗逆）、适合机械化收获等综合性状的选择。

（二）选择生育期合适的品种

选择生育期合适的品种，尽量避免光热资源浪费和成熟度不足等情况的发生。人工或机械穗收的品种收获时要能完熟（乳线消失、黑层出现）；机械直

接收粒地块应选熟期偏早品种，生理成熟至收获期预留籽粒站秆脱水所需积温100～200℃·天，此外，机械籽粒直收品种应选后期站秆能力强、高抗玉米螟、茎腐病和穗腐病的品种，防止田间站秆籽粒脱水期间发生倒伏和倒折。

（三）选择优质种子

目前玉米播种均采用单粒精量播种技术，因此选用种子时，注意查看种子的四项指标（纯度、芽率、净度、水分）是否符合国家单粒播种标准，玉米单粒播种国家标准为：纯度≥97%、芽率≥93%、净度≥99%、水分≤13%。

（四）注意品种搭配

一般一个产区优化组合3～4个品种，包括主栽品种、搭配品种和苗头品种或不同熟期品种，提高抵御自然灾害和病虫害的能力，实现高产稳产。青贮玉米、糯玉米、甜玉米为错期采收或延长采收期，可以选用不同熟期品种搭配种植，如中晚熟为主搭配晚熟和中熟品种。

（五）因地选种

水肥条件好的地区或地块，可选耐密高产品种，根据当地气候特点和病虫害流行情况，尽量避开可能存在缺陷的品种；优选在当地已种植并表现优良的品种。

二、品种筛选

根据开展的耐密品种筛选试验及黄淮海地区近5年（2018—2022年）品种审定中通过机收组审定的耐密品种为主要依据，筛选出适合不同种植的玉米品种（表3-2），以供参考。建议各地建立耐密品种筛选试验，确定最适合的密植高产品种。每年有新的品种审定与引进，将持续开展筛选与鉴定试验，然后进行推广种植。

表3-2　适合河南省不同生态区域耐密、抗倒、高产、宜机械粒收品种

品种名称	选育单位	审定编号
中单8812	中国农业科学院作物科学研究所	国审玉20226157
豫单976	河南农业大学	豫审玉20230028
豫单9953	河南农业大学	国审玉20180100
丰德存玉10号	河南丰德康种业有限公司	国审玉20180103
京农科728	北京市农林科学院玉米研究中心	国审玉20170007
中玉303	中国农业科学院作物科学研究所	国审玉20200281
泽玉8911	吉林省宏泽现代农业有限公司	国审玉20200268
DK517	中种国际种子有限公司	国审玉20170005

续表

品种名称	选育单位	审定编号
郑源玉 432	河南金苑种业股份有限公司	国审玉 20186028
DK688	中种国际种子有限公司	国审玉 20216143
MC121	北京市农林科学院	国审玉 20180070
MY73	河南省豫玉种业股份有限公司、河南省彭创农业科技有限公司	国审玉 20206190
新单 58	河南省新乡市农业科学院、吉林省鸿翔农业集团鸿翔种业有限公司	国审玉 20190238
C1210	中种国际种子有限公司	国审玉 20186105
豫单 132	河南农业大学	国审玉 20190015
MC812	北京市农林科学院玉米研究中心	国审玉 20190284
利合 988	恒基利马格兰种业有限公司	国审玉 20220252
LPB681	安徽隆平高科种业有限公司	国审玉 20220249
盈丰 938	河南泰隆种业有限公司、河南五谷种业有限公司	豫审玉 20180033
春秋 795	河南春秋种业科技有限公司	豫审玉 20210026

第三节 整地及技术要求

河南省夏玉米区主要生产方式是冬小麦—夏玉米一年两熟，小麦收获后免耕贴茬播种玉米，玉米收获后翻耕或旋耕后种植小麦是最为普遍的种植方式。提高整地质量是提高播种质量的基础，高质量的耕整地及其农机作业对于提高出苗整齐度、抗倒伏和抗逆能力、构建高质量群体非常关键。

一、合理耕层构建

合理耕层构建是指通过机械化改造农田土壤剖面不良性状，构建合理的土壤剖面结构，协调土壤水、肥、气、热关系，改进土壤固、液、气三相比例，使土壤水、肥、气、热及微生物的关系相互协调，更有利于玉米生长，为密植栽培提供土壤基础。

在河南省夏播区，由于长期采用小型农机具进行旋耕和浅耕作业，导致土壤耕层逐渐变浅，小型农机具反复碾压及大水漫灌加剧了下层土壤沉积压实，加厚了不透水也不透气的犁底层。据国家玉米产业技术体系调查，黄淮海夏播玉米区的平均耕层厚度仅有17.2 cm，为全国玉米产区耕层较浅区域。由于坚硬厚实的犁底层，严重阻碍了玉米根系下扎，使根系主要集中在15～18 cm的耕层内。根系分布浅对玉米高产会带来两方面的问题，一是当出现大雨大风天气时，玉米很容易产生根倒伏，尤其当种植密度增加时，根倒的风险会增大；二是在干旱年份易旱，难以利用土壤深层的水，多雨的年份易出现涝害，水分难以下渗，形成地表径流，造成表层土壤养分流失，养分难以吸收利用，玉米容易出现早衰，致使水肥资源利用率降低，抗逆减灾能力和产出能力变弱，制约了玉米的高产稳产和耕地可持续利用。因此，必须通过深松或深翻打破犁底层，重新构建合理的耕层。

二、翻耕、旋耕与深松

提高整地质量是提高播种质量的基础，而高的整地质量又由翻耕质量决定。从合理耕层构建角度，可通过深翻和深松作业打破犁底层。无论采用深松或深翻，从耕层构建角度，3年进行一次即可。

（一）深翻

深翻除能够打破犁底层、构建合理耕层外，还能减少玉米收获过程中落粒造成的下季自生苗的影响。一般深翻在小麦播种前进行，小麦收获后免耕贴茬或灭茬浅旋播种。要提高翻耕质量，对于秸秆量还田比较大的田块，可以先用灭茬机灭茬后再进行翻耕，也可以灭茬后用重耙切地整地达到待播状态，从而大幅度地提高播种质量（图3-3）。

图3-3 翻耕作业

翻耕时要求安装小副犁，以提高翻扣杂草和作物茎秆的效果，翻耕深度不低于30 cm，根茬和秸秆翻埋严密，无漏耕、不起泥条、不拉沟。

（二）旋耕、重耙整地

河南夏播玉米区整地以旋耕最为常见。常用的有旋耕机，这两年随着大马力拖拉机越来越多，与之配套的联合整地机和驱动耙也开始用于麦茬的整地，无论何种方式，均要求整地后土壤平整，耕深均匀一致，有利于提高播种质量（图3-4，图3-5，图3-6）。

图3-4　联合整地机灭茬整地

图3-5　联合整地机整地，使麦秸与表层土壤混合的整地方式

图3-6　用旋耕机或驱动耙整地

对于旋耕作业，要求旋耕深度8～10 cm，土壤细碎，表面平整，每平方米耕层内土块外形最大尺寸＞6 cm的不超过5个，跨两幅4 m宽地面相差≤4 cm，根茬破碎，根茬长度≤8 cm，合格率大于80%，无漏耕，不拖堆。秸秆充分与土混合，表层秸秆量≤5%。

（三）深松

为打破犁底层，需进行深松作业。农田犁底层一般在土壤表层以下15～25 cm处，层厚6～12 cm，是由于长年小型机械作业、施用化肥、农药等形成的死土层，导致多数农田土层板结坚硬，严重影响土壤透水、透气性能。深松整地就在于能打破犁底层，建起"土壤水库"。深松达到30 cm的地块比未深松的地块每公顷可多蓄水400 m³左右，伏旱期间平均含水量提高7个百分点左右，可使作物耐旱时间延长10天左右，使玉米平均产量增加10%左右。在秸秆处理后，进行深松，深度不低于 35 cm。深松是通过深松犁疏松土壤而不翻转土壤，通过全方面的深松作业，打破犁底层，加深耕作层，增加土壤的透气性和透水性的作业方式。在出苗后进行，能起到抗旱耐涝、抗倒、防早衰的效果（图 3-7）。

图 3-7　深松机械与田间作业

耕整地作业质量是由整地机械及农机手的素质与责任心决定的。因此，对农机手作业技术的培训和作业质量的检查是提高技术到位率的关键。

三、免耕贴茬铺带播种

免耕播种，在有植被或秸秆覆盖的地表实施清茬、开沟、播种、施肥、覆土、镇压、铺设滴灌带等复合式作业，减少机械作业次数，减轻土壤压实。采用玉米密植高产精准调控技术可将秸秆覆盖在宽行，窄行铺设滴灌带（图 3-8，图 3-9，图 3-10，图 3-11）。

图 3-8　玉米免耕贴茬播种铺设滴灌带

第三章 玉米密植高产精准调控关键技术

图3-9 玉米在旋耕后地块的播种(淄博桓台,2022年)

图3-10 在旋耕整地后的地块播种施肥和铺滴灌带(河南安阳,2022年)

图3-11 在翻耕过的地块进行播种施肥和铺滴灌带(漯河临颍,2022年)

免耕播种要求小麦收获同时切碎秸秆并抛撒均匀,切碎长度≤10 cm,长度合格率≥95%,抛撒不均匀率≤20%,漏切率≤1.5%,留茬高度≤20 cm。对粉碎还田效果不好或者留茬偏高的,使用破茬机进行灭茬作业(图3-12)。

图3-12 用灭茬机灭茬

第四节 播种及技术要求

增密种植后，提高群体的整齐度是降低小穗、空秆率，保证成熟一致的关键。据观测，在种植密度 4 942～5 930 粒/亩条件下，对同一田块内苗龄相差 7 天的单株标记，晚出的玉米单穗重降低 7%～100%，平均 49%；相邻植株，晚两片叶的植株单株产量下降 35%～47%。且种植密度越大，这种影响也越大。

造成出苗不一致或大小苗的主要原因有：①苗床干湿不均匀造成冷热不匀，导致出苗不均匀；②播种深度、覆盖厚度不一致；③种子摆放方向的影响，理想状态下种子胚应垂直向上；④早期病虫害的影响；⑤杂草影响；⑥土壤板结，根茬或残膜影响。因此，确定合理的播种密度，提高整地播种质量，实现一播全苗、匀苗是解决出苗不一致和大小苗的关键，除了构建合理耕层、提高整地质量外，还需要从以下方面入手。

一、确立合理的种植密度

种植密度的确定应根据品种特性及当地土壤肥力、光热条件、降水与灌溉情况及产量目标等因素确定。每个品种都存在一个"适宜密植区"，在漯河市舞阳县莲花镇示范田试验，结果为：不耐密植品种最适宜的密度范围在 4 000～5 000 株/亩，耐密度品种在 5 000～7 000 株/亩。每个品种在适宜范围内果穗大小变幅较小，超过一定密度果穗迅速变小，如图 3-13 所示，京农科 728 在 6 000 株/亩内果穗大小基本不变，超过该密度果穗迅速变小。一般株型紧凑、耐密性、抗倒性好的品种适宜密植，株型平展、抗倒性差的品种适宜稀植；生育期短的品种适宜密植，生育期长的品种适宜稀植；中、小穗型品种适宜密植，大穗型品种适宜稀植；矮秆品种适宜密植，高秆品种适宜稀植。

在河南夏玉米区有滴灌条件的推荐播种密度为 5 500～6 500 株/亩，无滴灌条件地区推荐 4 500～5 000 株/亩，早熟品种适当增加种植密度。土壤肥力低，生产条件差的地块，可以选品种适宜种植密度的下限值；土壤中上等肥力、生产条件好的地块，选品种适宜种植密度的上限值；灌溉条件较差的区域宜稀植；灌溉条件好的区域宜密植。在全程机械化作业过程中，为避免由于整地质量、种子质量、播种质量、机械损伤、病虫害伤苗造成的密度不够，可以在推荐种植密度基础上再增加 5%～10% 的播种密度。

图 3-13 不同种植密度的果穗（京农科 728，3 000 ~ 8 000 株 / 亩）

二、种子处理与二次包衣

对种子进行分级和二次包衣处理有助于提高下种精确度和保苗率。为确保播种时下籽粒距更均匀、单粒精播，减少双粒率及空穴率，建议播种前按种子大小对种子进行分级，大小均匀一致的种子放在一起播种；经过大小分级后的种子，进行 1 ~ 2 天的晒种，以提高种子活力和发芽率。对于包衣效果不好的种子可以进行二次包衣。二次包衣时可根据当地苗期常见病虫害种类选用包括针对性杀虫、杀菌剂成分的种衣剂，从而有效防控出苗阶段与苗期的病虫害，确保密植栽培群体整齐度。对于金针虫、蛴螬、地老虎和二点委夜蛾等地下害虫，建议选用拜尔的"高巧"种衣剂或者先正达的"锐胜+满适金"种衣剂。"高巧"种衣剂主要杀虫成分是吡虫啉，"锐胜"中的主要杀虫剂是噻虫嗪，均为内吸杀虫剂。"满适金"中主要是杀菌剂，包括咯菌腈和精甲霜灵。这两种种衣剂对地下害虫有很好的防效且防虫持续期较长，可达 30 ~ 40 天，对苗期的褐足角胸夜甲、蓟马及蚜虫也有较好防效，同时还有促根壮苗作用。二次包衣后的种子应充分晾干。

三、导航播种，适时播种，提高播种质量

播种应选用带导航功能的播种机械，且为单粒精量播种机，能一次完成施肥、播种、铺滴灌带作业（图 3-14）。若播种时未能及时铺管，也可以先播种，然后铺设滴灌带（图 3-15）。

图 3-14　一次完成施肥、播种、铺滴灌带作业的播种机

图 3-15　先播种，然后铺设滴灌带

宽窄行播种可以用一个滴灌带管 2 行，实现局部灌水与施肥，提高水肥利用效率，节约滴灌带用量，种植方式可以设置为 30 cm+80 cm 或 40 cm+70 cm 等（图 3-16，图 3-17）。

图 3-16　导航宽窄行播种（鹤壁，2022 年）　　图 3-17　宽窄行三角形播种（漯河，2022 年）

导航播种可以保证行距一致，有利于群体通风透光，提高机械作业效率，降低机械作业损失，与传统无导航小型播种机械比较，还可有效增加播种行数（图3-18）。

图 3-18 导航播种作业

有条件的地方，要优先选用具有播量、播深智能控制功能的机型；小麦秸秆粉碎质量差的地区，可选择清茬（或灭茬）玉米精量播种机；在土层板结或带肥量大的地区，可选择深松多层施肥玉米精量播种机，以利于根系下扎（图3-19）。

图 3-19 大华宝来 2BMYFQ 气吸式精量播种机
（重型清茬式）

推荐的免耕精量播种机包括：河北农哈哈机械集团有限公司，2BYJF-4 玉米精量播种机，指夹式排种器；河南农有王农业装备科技股份有限公司 2BYFM-6 玉米免耕施肥精量穴播机，指夹式排种器；河南农有王农业装备科技股份有限公司农有王 2BYSF 系列全量秸秆覆盖免耕播种机，指夹式排种器；山东大华机械有限公司，2BMYFC-3/3 玉米清茬免耕施肥精量播种机，指夹式排种器；盐城永弘机械有限公司，2BYJF-4 免耕精量施肥播种机，指夹式排种器；任丘市喜洋洋农业机械有限公司，2BYFZ-4 免耕精量施肥播种机，指夹式排种器；洛阳鑫乐机械设备有限公司，2BMQF-4/8全还田防缠绕免耕施肥播种机，指夹式排种器；郑州双丰机械制造有限公司，玉米精量播种机（三角定苗），指夹式排种器；马斯奇奥（青岛）农机制造有限公司，2BQM-4（MT-4）精量播种机，气吸式排种器。

四、免耕避茬播种

安装导航系统后，为提高麦茬下玉米播种质量，可以进行玉米免耕避茬播种。该方式作业选用带有自动导航系统的拖拉机，悬挂玉米免耕精密播种机来实现。玉米免耕避茬播种是黄淮海麦茬玉米免耕播种新技术，能有效地解决小麦根茬对玉米播种质量的影响。实现高质、高效玉米机械化播种目标。

机手选定目标进行作业，待自动驾驶显示界面显示行数正确时，点击"启动导航"，系统沿系统指定路径进行作业；当遇见障碍物时，点击"结束导航"或转动方向盘，系统检测到方向盘被转动一定角度时会自动解除导航，待避开障碍物后点击"开始导航"继续上线作业。拖拉机行进到达地块终点时，点击"结束导航"，机手完成地头转弯后，待显示终端显示行数正确时，点击"启动导航"，开始下一行作业，以此类推，直至完成全部作业。

避茬行距调节：针对冬小麦所采用的种植模式特点，通过卫星导航自动对行作业，开沟器避开残留的小麦根茬并在小麦行内进行玉米播种，达到避茬施肥和播种的效果。

导航避茬播种作业要求：①播行端直。50 m播行内，拖拉机播种的直线度偏差≤5 cm。②行距一致。每播幅内规定的行距偏差≤1.0 cm。每播幅间交接行距偏差≤4 cm。③播深适宜。根据当地农艺要求，播种深度合格率≥75%。④种肥间距。种肥同时施播时，种肥应条施到种子侧面3～7 cm、比种子深5～7 cm的土壤内。种肥间距合格率应≥80%。⑤株距合格率应≥85%。开沟宽度合格率应≥90%。⑥避茬效果。避茬率应≥85%。⑦播后情况。地表平整，镇压连续，无秸秆堆积。地表无长距离拖痕及地头无明显堆种、堆肥，无晾种现象（图3-20）。

图3-20 播种深度检测

第五节 滴水齐苗

滴水齐苗是密植高产精准调控技术模式的重要环节。播种结束时要及时滴出苗水,保证种子发芽速率均匀,出苗时间一致,实现苗全和苗齐,提高保苗率和群体整齐度,避免密植栽培下玉米空秆和小穗的产生。通过播后及时滴水,确保玉米出苗在2天内出齐,为密植高整齐度群体构建奠定基础。滴水出苗效果如图3-21所示。

图3-21 滴出苗水(左图)与传统漫灌对照(右图)玉米出苗效果对比

一、滴水出苗效果比较试验

在河南舞阳试点开展滴灌与漫灌对比试验,供试品种为京农科728,种植密度为5 000株/亩。其中,滴灌处理设置滴灌带间距60 cm,滴头间距20 cm。试验水源采用地下井水,经滴灌首部过滤后压力为0.06～0.1 MPa,然后进入压差式施肥罐进水管道,施肥罐旁通管流量为1.2 L/min。滴水齐苗处理采取播后当天、3天、6天和9天接管滴水,每亩滴水30 m³。漫灌处理为传统管道灌溉方式,播后当天每亩浇蒙头水120 m³。试验结果显示:①播后当天立即滴灌玉米处理出苗率平均为94.05%,播后3天、6天和9天滴灌玉米出苗率平均分别为93.42%、87.68%和87.34%,播种后当天漫灌处理的出苗率平均为85.69%,播种后当天采用滴水齐苗方式玉米保苗率较漫灌增加了8.36个百分点,而播后滴灌每晚1天浇水,出苗率平均降低0.75%(图3-22)。②5展叶期田间调查,播种当天滴出苗水处理的幼苗叶龄分布在4～6片展叶,整齐度系数为11.24,而播种当天漫灌处理为3～7片展叶，整齐度系数为3.62，播种当天滴水出苗处理叶龄整齐度系数提高了7.62个百分点。播种当天滴水出苗处理株高整齐度系数为7.77，漫灌处理为3.62，株高整齐度系数提高了4.15个百分点。成熟期调查，播种当天滴灌玉米株高和穗位高整齐度系数分别为27.22和23.80，而播种当天漫灌为9.68和8.59，相应分别增加了17.54个百分点和15.21个百分点。播后不能及时滴灌的处理（播后3天、6天和9天滴水）5叶期叶龄和株高、成熟期株高与穗位高均表现出变异系数增大、整齐度下降的趋势（表3-3）。③成熟期测产，播后当天滴灌处理玉米产量为878.20 kg/亩，播种后当天漫灌的产量为680.47 kg/亩，滴灌玉米较对照增产197.73 kg/亩，增幅为29.1%。播后3天、6天和9天后滴水出苗处理产量分别为821.44 kg/亩、796.51 kg/亩和705.79 kg/亩，播后平均滴水每晚1天产量降低19.16 kg/亩。及时滴水出苗有利于提高玉米产量。

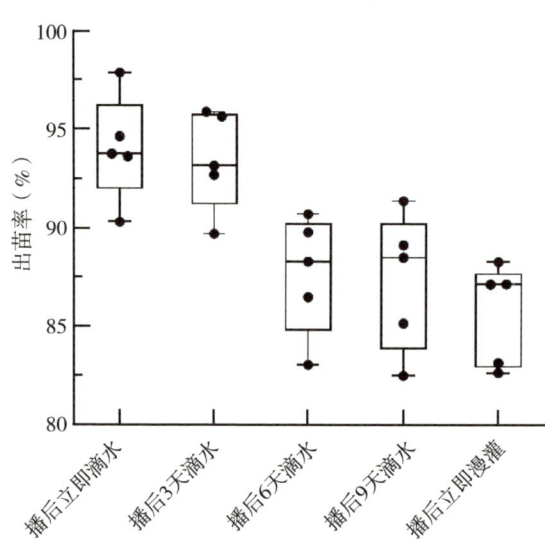

图3-22 播后不同时期滴水对玉米出苗率的影响

表3-3 播后不同天数滴水对玉米生长发育整齐度的影响

指标	处理	叶龄（5叶期）	5叶期株高（cm）	成熟期株高（cm）	成熟期穗位高（cm）
平均值	播后当天滴水	4.90	34.83	266.01	93.91
	播后3天滴水	4.90	33.42	275.06	91.79
	播后6天滴水	4.55	29.63	264.33	96.57
	播后9天滴水	4.55	30.10	232.39	100.92
	播后当天漫灌	4.85	33.35	253.17	95.89
变化幅度	播后当天滴水	4～6	25.1～42.1	242.5～276.6	85.8～100.5
	播后3天滴水	3～7	17.3～48.9	257.3～314.2	83.6～104.2
	播后6天滴水	3～7	13.2～49.1	237.6～285.2	81.2～110.6
	播后9天滴水	3～7	18.2～45.5	197.5～255.2	85.2～111.2
	播后当天漫灌	3～7	15.2～49.5	242.50～279.6	68.9～112.3

续表

指标	处理	叶龄（5叶期）	5叶期株高（cm）	成熟期株高（cm）	成熟期穗位高（cm）
整齐度系数	播后当天滴水	11.24	7.77	27.22	23.80
	播后3天滴水	4.92	3.34	21.21	19.59
	播后6天滴水	4.07	2.61	24.78	12.33
	播后9天滴水	3.78	3.49	15.23	12.91
	播后当天漫灌	5.20	3.62	9.68	8.59
变异系数	播后当天滴水	8.90	12.87	3.67	4.20
	播后3天滴水	20.31	29.94	4.71	5.10
	播后6天滴水	24.55	38.25	4.04	8.11
	播后9天滴水	26.44	28.63	6.56	7.74
	播后当天漫灌	19.23	27.61	10.33	11.63

注：整齐度系数=平均值/标准差；变异系数CV（%）=标准偏差/平均值。

二、滴水出苗的水量控制原则

播种结束当天及时安装主管、支管及连接毛管（滴灌带）等滴灌系统部件，试水正常后即可进行滴水作业（图3-23）。滴水量根据土壤水分状况和天气条件确定，一般土壤干燥的田块，每亩滴水25～30 m^3；土壤湿润的田块，每亩滴水10～15 m^3，保证滴灌带两侧20～25 cm湿润即可（图3-24）。春玉米应注意天气预报，如遇极端低温天气，应避免低温滴水，容易造成粉种、烂种现象，导致缺苗。

图3-23 玉米播种后及时滴水

图3-24 滴出苗水时灌溉湿润带

第六节 杂草防除

玉米田中的杂草种类繁多,据测算,我国玉米田草害面积占播种面积的90%左右,玉米每年因草害减产2亿~3亿kg。河南夏玉米田以一年生禾本科杂草和晚春性杂草为主,由于夏玉米生长期气温高、降水量大,有利于杂草的萌发与旺盛生长,因此更容易形成草荒,严重影响玉米产量和品质(图3-25)。

图 3-25 黄淮海夏玉米田常见杂草

第三章　玉米密植高产精准调控关键技术

一、玉米田杂草防除策略

以农业防除为基础、化学除草为主要手段进行综合治理（图3-26）。

（一）农业防除

通过合理轮作、深翻耕作等技术除草。在草荒严重的农田和荒地，通过深耕，将表层杂草种子深埋土壤中，将大量根状块茎杂草翻到地面，改变杂草生长的生态环境，防除一年生杂草和多年生杂草。另外在玉米苗期进行1～2次中耕，可消灭行内部分杂草，同时提高耕层地温，促进根系发育。

（二）化学防除

利用除草剂代替人力或机械消灭杂草。除草剂种类繁多，性能特点各异，使用过程中应依据药剂性能、杂草种类与发生期、玉米生育时期、土壤墒情、玉米品种、气象条件等选择和确定适合的除草剂及用量。

苗前化学除草

苗后化学除草

中耕除草

图3-26　玉米田除草

二、化学防除技术

（一）播后苗前封闭化学除草

在玉米播种滴水后杂草出苗前，在土壤较湿润时，用灭杀除草剂进行封闭化学除草，喷洒除草剂时由于表面覆盖有秸秆，除草剂喷洒要均匀，做到不重喷、不漏喷，喷洒要充分，使除草剂能透过秸秆覆盖地表。喷施封闭除草剂精异丙甲草胺、异丙甲草胺、乙草胺、莠去津等，保持土壤表面湿润有利于药效发挥，苗前封闭除草可以结合杀虫剂和杀菌剂同时进行，但要注意部分有机磷类的杀虫剂不能和除草剂混合使用。

（二）苗后化学除草

玉米苗前土壤处理效果不好或未处理田块，在玉米3～5叶期喷洒苗后除草剂,可使用烟嘧磺隆与莠去津、硝磺草酮等药剂混合用药,同时防除禾本科杂草和阔叶杂草,部分地区莎草较大可加入 2 甲 4 氯二甲胺盐、2 甲 4 氯钠盐、氯吡嘧磺隆等;在玉米 5～7 叶期可选用"硝磺草酮+烟嘧磺隆+莠去津"或"硝磺草酮+烟嘧磺隆+苯唑草酮"等进行茎叶喷雾或者定向喷雾。

三、除草剂药害及补救

一般情况下,苗前除草剂的安全性较高,较少产生药害;苗后除草剂使用不当容易出现药害。产生药害的原因包括误用除草剂、不在安全期内用药、盲目加大施药量、高温炎热时施药、药剂混配不当、与有机磷农药施用间隔过短,以及品种敏感等。除草剂药害轻者延缓植株生长,形成弱苗,重者生长点受损,心叶腐烂,不能正常结实,给玉米生产造成严重损失。应仔细阅读所购除草剂的使用说明,严禁随意增加或减少用药量。除草剂对后茬作物的药害也应引起注意,以免影响种植结构调整(表 3-4)。

表 3-4　部分除草剂药害图片

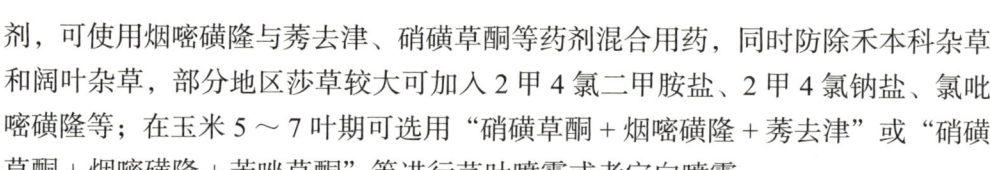

酰胺类	有机磷类	三氮苯类	二硝基苯胺
乙草胺药害	草甘膦药害	扑草净药害（右为对照）	二甲戊灵药害（右为对照）
苯氧羧酸类	磺酰脲类	HPPD 类	腈类
2,4-D 药害	烟嘧磺隆药害	硝磺草酮药害	溴苯腈药害

除草剂轻微药害,应加强水肥管理,足量浇水,促进玉米生长,降低体内药物的相对浓度;追施速效化肥,促进作物迅速生长,提高植株自身抵抗药害的能力;也可喷施植物生长调节剂,如芸苔素内酯,促进玉米生长,减轻药害。如果药害不严重,加强管理后,玉米可以恢复正常生长;如果玉米心叶已经腐烂坏

死，或者生长停滞，需补种或毁种。喷施过其他作物田的除草剂后，应及时清洗药筒；如果发现除草剂误用，应立即停止施药，更换药筒，并灌装清水喷雾冲洗受害部位。

第七节　化控防倒

在高密度种植条件下，玉米群体大，容易出现倒伏，喷施玉米专用生长调节剂，有效控制植株株高、穗位高，降低重心，增粗茎节，提高抗倒伏能力，构建抗倒高质量群体，在密植高产精准调控技术体系中应作为常规技术应用。

一、化学调控

化学调控是指应用植物生长调节物质改变植物内源激素系统、调节作物生长发育，从而提高作物抗逆能力和生产力、改善农产品品质。生产上应用的植物生长调节剂主要是植物激素类似物（包括吲哚化合物、萘化合物和苯酚化合物，赤霉素、激动素、6-苄氨基嘌呤、脱落酸以及乙烯类）、植物生长延缓剂（包括矮壮素、多效唑、缩节胺等）和植物生长抑制剂（包括青鲜素、三碘苯甲酸、整形素等）三类或者其复配物质，作用主要表现在促进根系生长，延缓衰老，提高光合作用和产量；协调器官间生长关系，矮化增粗茎秆、降低株高和穗位高，塑造合理的群体结构；以及提高对逆境的适应性、增强抗逆能力等几个方面。

目前市场上化控产品种类多，商品名更为繁杂。玉米专用生长调节剂主要产品有玉米健壮素、羟基乙烯利、金得乐、玉黄金、吨田宝、密高等，不同产品的有效成分差别大，使用不当还会造成缩株缩穗减产，选购时应仔细阅读产品说明书，选择合适的产品并按照使用说明施用。

二、化控对玉米茎秆形态特征以及抗倒性的影响

施用化学调节剂之后，植株的高度呈现出下降的趋势，且随着化学调控次数的增加，植株高度降低趋势越明显，两次化控调节使植株高度降低程度达到了显著的水平（图3-27），穗位高均呈降低趋势，且降低幅度较明显。

施用化学调节剂之后，植株的重心高度也显著下降（图3-28）。

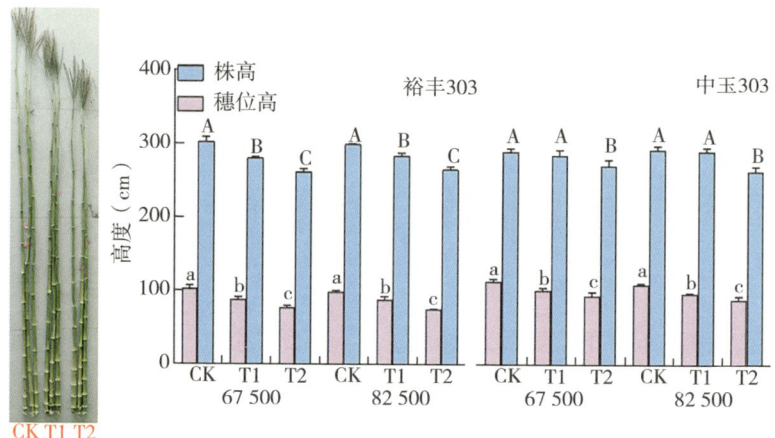

图3-27 不同化控处理对玉米株高和穗位高的影响
注：CK为对照；T1为一次化控（V7）；T2为二次化控（V7+V10），全书同。

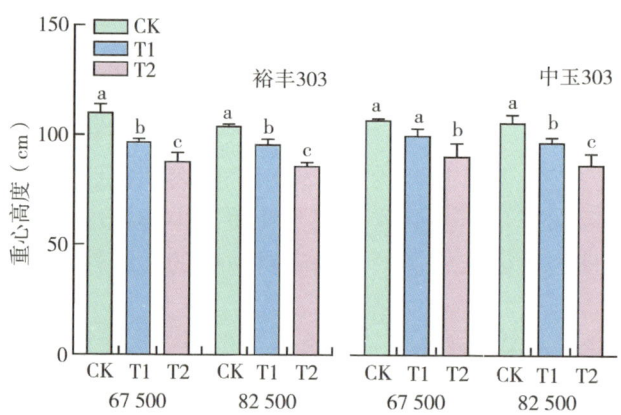

图3-28 不同化控处理吐丝后20天植株重心高度的变化

三、化控防倒技术应用

（一）喷药时期

依据说明书在最适喷药时期喷施。过早或过晚用药都会减弱对群体冠层的调控效果。一般选择在6～8展叶喷施，对基部节间的控制效果最好（图3-29、图3-30）。

第三章 玉米密植高产精准调控关键技术

图3-29 6~8展叶喷施玉米生长调节剂控制基部节间　　图3-30 化控与不化控玉米株高比较

（二）试剂配置

化控剂的浓度要适宜，浓度过小化控效果不明显，浓度过大会产生药害，容易控旺过度抑制生长。药液要随用随配，不能与其他农药和化肥混用。

（三）喷洒方法

均匀喷洒，不重不漏。喷药后6 h内如遇雨淋，可在雨后酌情减量增喷一次（图3-31）。需要注意的是，在使用化控剂后，有时会出现玉米心叶叶色变淡现象，一般5~7天就能返绿（图3-32）。

图3-31 喷施玉米生长调节剂　　图3-32 化控后玉米植株心叶叶色变淡现象

第八节　需肥规律和肥料运筹

玉米施肥的增产效果取决于土壤肥力水平、产量目标、品种特性、种植密度、生态环境及肥料种类、配比与施肥方式等。玉米对氮、磷、钾的吸收总量随产量水平的提高而增多。在多数情况下，玉米一生中吸收的主要养分，以氮为最多，钾次之，磷最少。我国各地配方施肥参数研究表明，化肥当季利用率为氮30%～35%、磷10%～20%、钾40%～50%。现代农业生产中应遵循"以产定肥，科学施肥"。施肥决策需要遵循玉米的施肥方式与需肥规律。

一、滴灌施肥

在滴灌水肥一体化条件下，通过滴灌系统将肥料水溶液及各种大量或微量元素随水输送到作物的根系附近，供作物高效吸收和利用，可有效提高肥料的利用效率。那么，什么样的肥料适合滴灌水肥一体化的生产模式呢？顾名思义，水溶性肥料均可用于滴灌水肥一体化。水溶性肥料是指完全、迅速溶于水的大量元素单质水溶性肥料（尿素、氯化钾等）、水溶性复合肥料（磷酸一铵、磷酸二铵、硝酸钾、磷酸二氢钾等）、农业农村部发布的行业标准规定的水溶性肥料（大、中、微量元素水溶肥料、含氨基酸水溶肥料、含腐植酸水溶肥料）和有机水溶肥料等，水溶性只是基本特征，此外还需要注意：一是肥料兼容性问题，避免肥料在混合施入时相互作用。二是需要考虑肥料养分含量问题，宜选择养分含量高、杂质低、溶解度高、腐蚀性小和流动性好的肥料，避免堵塞或腐蚀灌溉系统。三是滴灌系统水中的肥料总浓度要控制在5%以下。四是需要考虑肥料溶解时水体温度变化，多数肥料溶解时通常伴随热反应，例如，尿素溶解时吸收热量，而磷酸溶解时会放出热量。因此，应科学安排肥料溶解顺序，避免温度过低施肥发生盐析作用。五是要根据玉米的需肥规律科学合理滴灌施肥。

二、密植滴灌水肥一体化夏玉米的氮素吸收规律

（一）密植滴灌水肥一体化夏玉米群体氮素积累特征

图3-33为在河南漯河市舞阳县莲花镇试验点密植高产精准调控技术模式下研究的玉米氮素积累规律，供试品种为京农科728（JNK728），种植密度为6 000株/亩，总施氮量16 kg/亩，采用滴灌水肥一体化分次施肥，产量水平达到934.56 kg/亩。图3-34为玉米生育期内各器官含氮量占整株含氮量比例，表3-5为不同生育阶段玉米植株氮素日积累和积累比例，随着生育进程推进，玉米对氮素的积累量逐渐增大，呈双峰曲线变化，两个峰值分别出现在大喇叭口期至吐丝期（吐丝前第13天）和乳熟期（吐丝后第27天）。

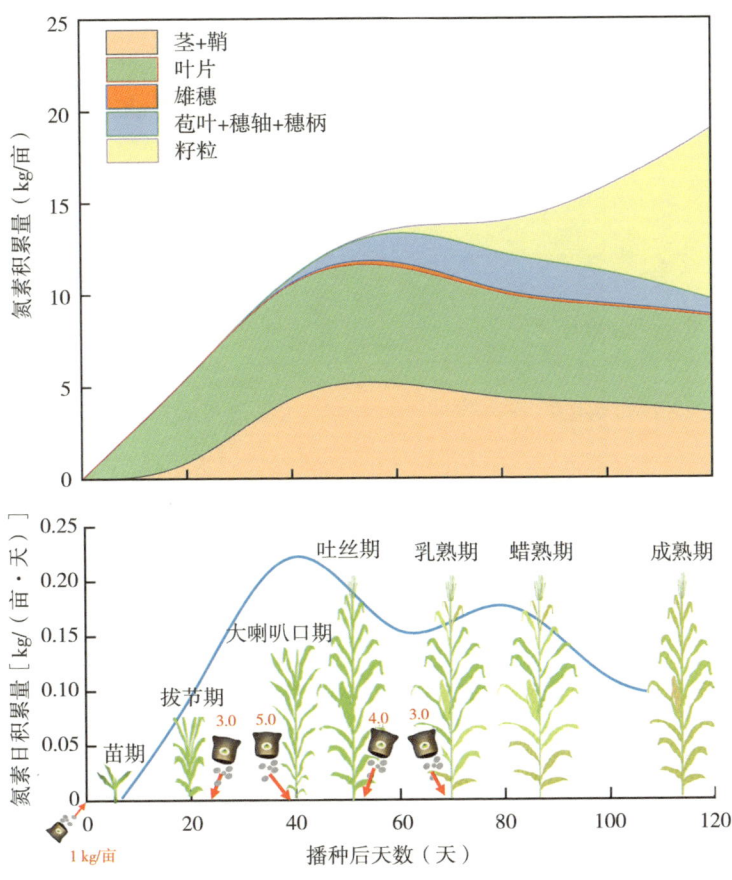

图3-33 密植滴灌水肥一体化夏玉米植株氮素积累规律

3叶期至拔节（6展叶）：积累的氮素占全生育期的12.55%，主要集中在叶片和叶鞘中，此阶段氮素积累速率逐渐加快，日平均积累速率为0.064 kg/（亩·天）。

6展叶期至大喇叭口期（12展叶）：积累的氮素占全生育期的25.86%，是氮素积累最多的时期，主要集中在茎、叶、叶鞘中，其中叶片的氮素积累量最多。但是，由于茎、叶鞘中氮素的快速积累，分配到叶片中的氮素比例呈逐渐降低趋势，而茎、叶鞘中的氮素比例在此阶段达到最高，占全株氮素积累量的28.16%。此阶段氮素日积累量呈迅速增加趋势，在播种后第40天（12展叶）达到最大，为0.31 kg/（亩·天），此阶段的日平均积累速率为0.244 kg/（亩·天）。

大喇叭口期至吐丝期：氮素积累量占全生育期的19.13%，主要集中在叶片、茎秆和穗部营养器官（穗轴、穗柄和苞叶），叶片的氮素积累量在播种后第45天达到最大，然后开始逐渐降低；此阶段是茎秆氮素快速积累期。

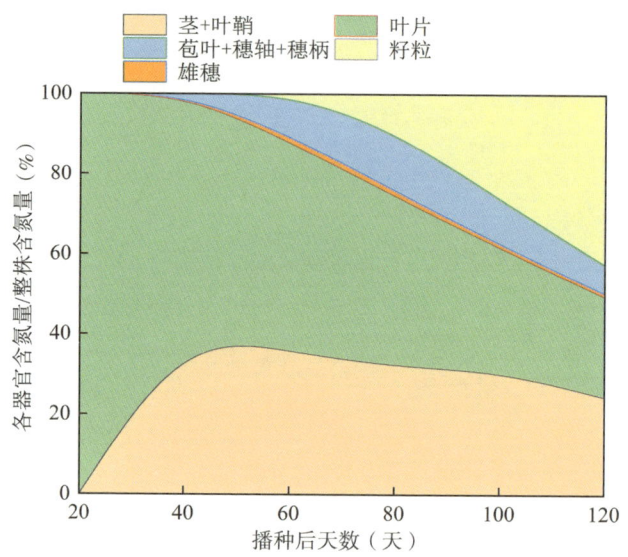

图3-34 密植滴灌水肥一体化夏玉米生育期内各器官含氮量占整株含氮量的比例

吐丝期至乳熟期：氮素积累量占全生育期18.90%，氮素日积累量呈先降低后升高的趋势，在播种后第60天达到两个峰值之间的低谷，此阶段氮素平均积累速率为0.186 kg/（亩·天）。

乳熟期至蜡熟期：氮素积累量占全生育期19.14%，积累速率先上升，后下降，在播种后第75天达到第2个高峰值，为0.174 kg/（亩·天）。

蜡熟期至成熟期：氮素积累量占全生育期7.42%，氮素积累速率逐渐降低，但仍有吸收，日平均积累速率为0.112 kg/（亩·天）。

综上，密植滴灌水肥一体化条件下玉米出苗至吐丝、吐丝至成熟期氮素积累量分别占总积累量的54.54%和45.46%，平均日积累速率分别为0.135 kg/（亩·天）和0.144 kg/（亩·天）。

密植滴灌水肥一体化氮肥分次施用的产量最高，吐丝前后氮肥吸收量分别占全生育期的54.54%和45.46%，氮肥吸收速率呈双峰曲线，第一次吸氮高峰在叶片快速生长和展开期，乳熟期出现第二次吸氮高峰。常规施肥模式田氮肥分施的，吐丝前、后氮肥吸收量分别占全生育期的61.36%和38.64%，氮素吸收仅在吐丝之前叶片快速展开期出现了一次吸氮高峰；在吐丝期至乳熟期和乳熟期至成熟期的氮素积累量和积累速率明显低于水肥一体化分次施用模式，由此说明密植滴灌玉米在拔节后结合灌水适时施肥，以满足大喇叭口期需氮高峰的出现，且吐丝期之后由于玉米仍具有较高的氮素吸收能力，仍需要施肥保证籽粒灌浆氮素的供应，滴灌水肥一体化分次施肥可以较好地满足玉米的需肥特征，以获得更高的产量和氮肥效率（图3-35）。

表3-5 不同生育阶段玉米植株氮素日积累量和累积比例

生育阶段	密植高产水肥一体化模式			种肥同播施肥模式		
	天数	氮素日积累量 [kg/(亩·天)]	氮素积累比例	天数	氮素日积累量 [kg/(亩·天)]	氮素积累比例
出苗期至6展叶期	15	0.064	12.55	13	0.075	15.11
6展叶期至大喇叭口期	28	0.157	25.86	24	0.123	29.14
大喇叭口期至吐丝期	6	0.244	16.13	6	0.234	17.11
吐丝期至乳熟期	15	0.186	18.90	13	0.154	18.22
乳熟期至蜡熟期	20	0.134	19.14	20	0.124	15.74
蜡熟期至成熟期	18	0.112	7.42	16	0.065	4.68
出苗期至吐丝期	49	0.135	54.54	43	0.054	61.36
吐丝期至成熟期	53	0.144	45.46	49	0.041	38.64

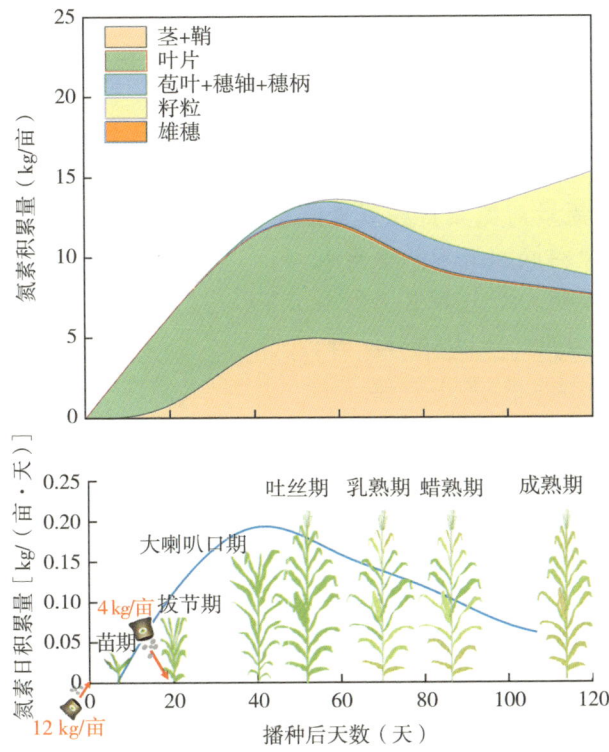

图3-35 氮肥一次性基施模式玉米氮素积累规律

（二）最佳施氮量

2021—2022年在河南省舞阳县莲花镇的氮肥用量定位试验结果表明（图3-36），随着施氮量的增加，玉米产量先增加而后趋于平稳，呈"线性+平台"的变化规律，在施氮量为16 kg/亩时产量达到最大，年平均产量达到985.1 kg/亩，施肥量进一步增加时，产量没有明显提高，氮肥偏生产力（PFP_N）随着施氮量的增加呈现出逐渐减小的变化趋势，在玉米产量不再显著增加时对应的PFP_N平均达到61.6 kg/kg，是获得较高氮肥生产效率的最佳用量。

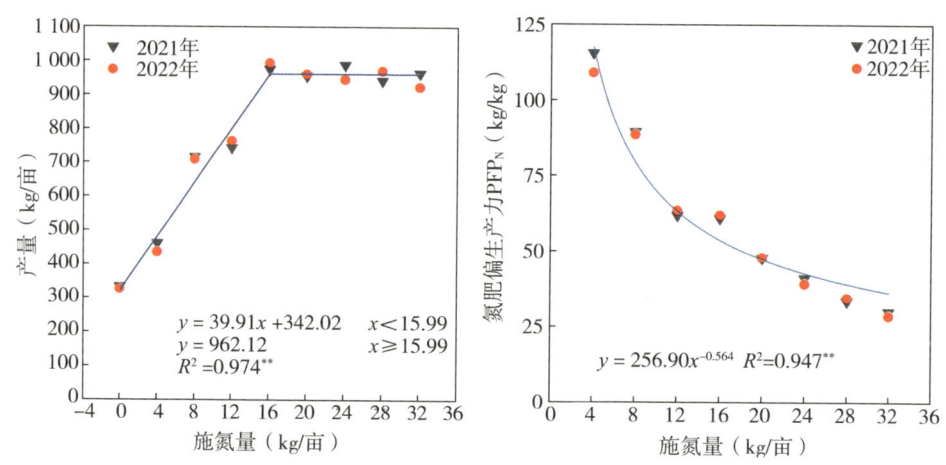

图3-36 施氮量对密植滴灌夏玉米产量和氮肥偏生产力的影响

（三）不同施氮量对氮素日积累量的影响

不同的施氮量对滴灌玉米的氮素吸收特征有显著的影响（图3-37）。6个施氮处理的籽粒产量分别达到307.68 kg/亩、690.39 kg/亩、915.40 kg/亩、934.56 kg/亩、930.32 kg/亩和889.93 kg/亩。随着生育进程的推进，不施氮处理的氮素日积累量呈现出单峰变化趋势，播种后约40天到达最高，约为0.21 kg/（亩·天），其他处理呈现出两个氮素吸收高峰，播种后约40天达到第一个吸收高峰，播种后约80天达到第二个吸收高峰。整体呈现出随着施氮量的增加氮素吸收强度变大的趋势。

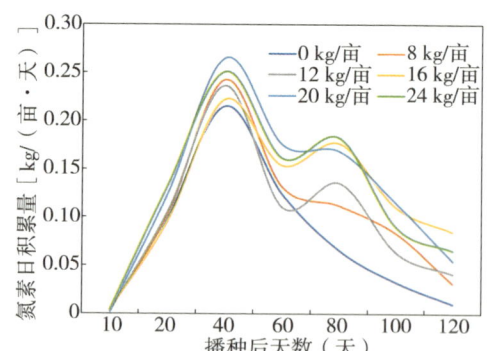

图3-37 不同施氮量对密植滴灌玉米氮素日积累量的影响

（四）增密减氮提高玉米产量和氮肥利用效率

玉米品种、种植密度对氮肥的施用量是有差异的。适宜的施氮量有利于维持叶片较高的光合速率，增加群体的干物质。氮肥偏生产力随着施氮量的增大而显著降低。在相同施肥量条件下，6 000 株/亩密植处理氮肥偏生产率显著高于4 000 株/亩的处理。因此，在滴灌施肥一体化模式下，合理增加种植密度，根据玉米的氮积累规律精准科学施肥，能够有效提高玉米的产量以及氮肥生产效率（图 3-38）。

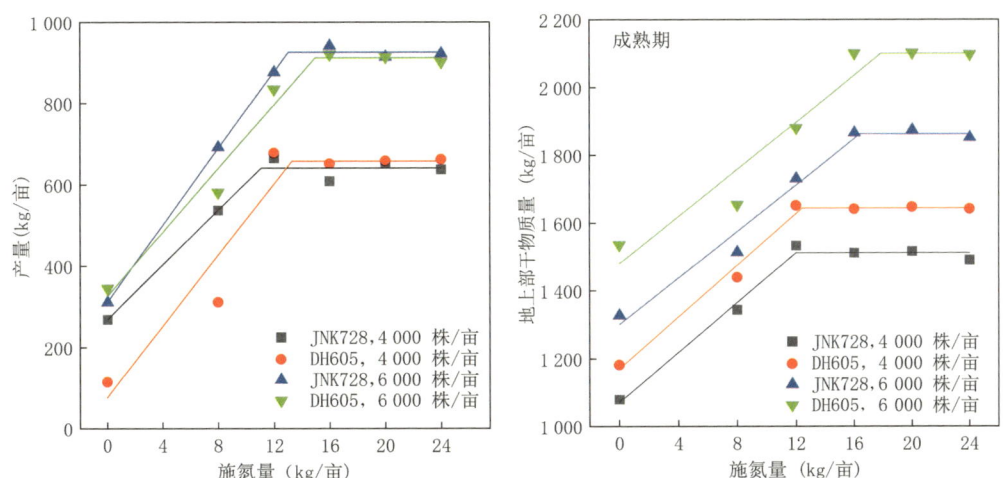

图 3-38　施氮量对不同密度玉米产量和干物质积累的影响

（五）分次施肥有助于提高玉米产量及氮肥利用效率

水肥一体，少量多次，充分利用滴灌系统进行施肥，是水肥一体化技术应遵循的基本原则。根据灌溉施肥制度，将肥料按灌水时间和次数进行按需分配，发现适当增加追肥量比例和追肥次数，有利于按玉米需肥规律满足玉米高产需要，有利于氮肥后移，增加花后物质生产，从而提高产量和养分利用率。在河北省高阳县试点的施肥频次试验中，获得最高产量（870.2 kg/亩）的施肥频次是 4 次，较施肥频次 3 次（770.31 kg/亩）和 2 次的产量（705.61 kg/亩）分别提高了 12.96% 和 23.32%。4 次施肥频次的氮肥偏生产力为 54.38 kg/kg，较 3 次（48.14 kg/kg）和 2 次（44.10 kg/kg）分别提高了 6.24 kg/kg 和 10.28 kg/kg。因此，缩短施肥间隔期，增加施肥频次，可以有效提高玉米产量和氮肥生产效率（图 3-39）。

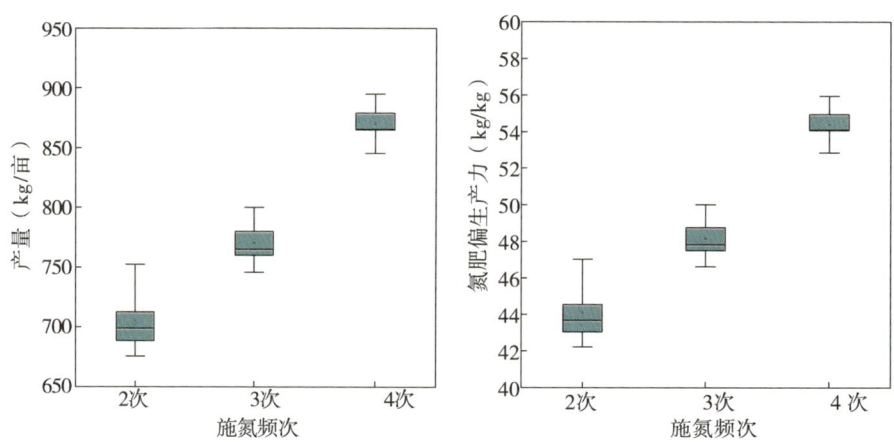

图 3-39 不同施肥频次对滴灌玉米产量和氮肥偏生产力的影响

第九节 病虫害防控

影响我国玉米生产的主要病虫害约有数十种，保守估计每年造成玉米10%以上的产量损失，严重发生年份减产程度超过20%。黄淮海夏玉米区发生频率高、为害严重的主要虫害是地老虎、蛴螬、金针虫、蓟马、耕葵粉蚧、玉米螟、桃蛀螟、黏虫、蚜虫、红蜘蛛和棉铃虫，近年，黄淮海夏玉米区还出现了褐足角胸叶甲、双斑长跗萤叶甲、大螟、二点委夜蛾和草地贪夜蛾等一些新虫害；主要病害有玉米根腐病，大、小斑病，弯孢叶斑病，瘤黑粉，茎腐病，穗（粒）腐病，南方锈病和褐斑病等。由于气候变化、农业生态环境改变及种植业结构、耕作制度、种植品种、生产方式及生产条件等的改变，创造了适合某些有害生物积累的生态环境，玉米病虫害的发生呈加重趋势（表3-6）。

表 3-6 黄淮海夏玉米田主要病虫害

主要病虫害	种类
主要虫害	玉米螟，地老虎，蛴螬，金针虫，耕葵粉蚧，褐足角胸叶甲，黏虫，蓟马，棉铃虫，桃蛀螟，蚜虫
主要病害	瘤黑粉病，小斑病，弯孢叶斑病，茎腐病，穗（粒）腐病，南方锈病，褐斑病，根腐病

一、病虫害综合防治原则

我国的植保工作方针是"预防为主，综合防治"。综合防治方法包括以下4种。

农业防治。调整和改善作物的生长环境,以控制、避免或减轻病虫害危害的农业技术综合措施,包括选用抗病虫品种、合理耕作、调整播期、处理越冬寄主、加强田间管理等技术手段。

物理防治。利用各种物理因素或机械设备防治病虫害。常用的物理机械防治法有捕杀法、诱杀法等几种类型。

生物防治法。利用天敌昆虫、微生物药剂或其他生物控制病虫草害。

化学防治。利用化学药剂(杀虫剂、杀菌剂、杀螨剂、杀鼠剂等)来防治作物病虫草害及其他有害生物。化学防治效果明显,收效快,但长期使用会引起病、虫、草产生抗药性,还会杀伤有益生物,破坏生态平衡;若农药使用不当,会引起人、畜中毒事故,还会污染大气、水域、土壤等生态环境,而且通过食物链进行生物富集,严重威胁着人类健康。

二、玉米主要虫害

河南省夏玉米田主要害虫形态特征和为害症状见表3-7。

表3-7　夏玉米田主要害虫

害虫名称	形态特征	为害症状
地老虎		
蝼蛄		
金针虫		
耕葵粉蚧		

续表

害虫名称	形态特征	为害症状
黏虫		
玉米螟		
棉铃虫		
蓟马		
红蜘蛛		

续表

害虫名称	形态特征	为害症状
蚜虫		
白星花金龟		
双斑长跗萤叶甲		

三、玉米主要病害

河南省夏玉米田主要病害形态特征和为害病状见表3-8。

表3-8 夏玉米田主要病害

病害名称	为害病状
根腐病（苗枯病）	 根系出现变褐、腐烂、胚轴缢缩、干枯，根毛减少，无或少有次生根等症状，植株矮小，叶片发黄，从下部叶片的叶尖部位开始干枯，严重时幼苗死亡

续表

病害名称		为害病状
茎腐病		一般在乳熟后期开始出现症状，茎基部发黄变褐，内部空松，手可捏动，根系水浸状或红褐色腐烂，果穗下垂。分为青枯和黄枯型
褐斑病		初侵染病斑为水浸状褪绿小斑点，成熟病斑中间隆起，内为褐色粉末状休眠孢子堆。叶片上病斑连片并呈垂直于中脉的病斑区和健康组织相间分布的黄绿条带
小斑病		初侵染斑为水渍状半透明的小斑点，后逐渐扩大形成不同形状的黄褐色病斑，大小为 $(10 \sim 15)$ mm $\times$ $(3 \sim 4)$ mm
弯孢叶斑病		病原菌主要为害叶片，不侵染叶脉。病斑初期为褪绿小斑点，逐渐形成圆形或椭圆形病斑，中央黄白色或灰白色，边缘有窄的褐色晕圈或有较宽的褪绿晕圈
瘤黑粉病		在玉米植株的任何地上部位都可产生形状各异、大小不一的瘤状物，主要着生在茎秆和雌穗上

续表

病害名称	为害病状
穗（粒）腐病 	整个果穗或部分籽粒腐烂。表面被灰白色、粉红色、红色、灰绿色、紫色霉层、青灰色、黑色、黄绿色或黄褐色所覆盖。严重时，穗轴或整穗腐烂
南方锈病 	主要为害叶片，也可侵染叶鞘、苞叶和雄穗，南方锈病发生造成植株叶片褪绿、不能正常进行光合作用。严重时，叶片上布满孢子堆，叶片干枯，植株提早衰老死亡

四、玉米病虫害防治

（一）苗期病虫害防治

玉米苗期病虫害多，发生快，有效防治是确保全苗和种植密度、取得密植高产的关键。目前生产中对苗期病虫害的控制主要通过拌种和种衣剂包衣，复配种衣剂中一般含杀虫剂、杀菌剂，如氟虫腈、噻虫嗪、溴氰虫酰胺、氯虫苯甲酰胺等包衣防治地下害虫和苗期蚜虫等，咯菌腈、苯醚甲环唑种子包衣防治土传病害和根部病害。有些种衣剂品种还添加微量元素或植物生长调节剂，可以促进出苗及苗期生长，提高出苗率，增强幼苗抗逆性。

（二）穗期病虫害防治

穗期是多种病虫的盛发期，可在玉米大喇叭口期选择苯醚甲环唑、吡唑醚菌酯等内吸传导型杀菌剂进行喷雾防治药剂，抑制病害的发生、传播和蔓延。虫害的防治可选用广谱性的氯虫苯甲酰胺、噻虫嗪、吡虫啉等药剂与甲维盐合理复配喷施，提高防治效果，兼治多种害虫；生物杀虫剂如苏云金杆菌（Bt）和白僵菌等，对玉米螟和黏虫等害虫均很好的防治效果。

（三）花粒期病虫害防治

花粒期是各种叶部、穗部病害加重为害期，玉米茎腐病、穗腐病、瘤黑粉病、小斑病、南方锈病、弯孢叶斑病等多种病害显症，根腐病和茎腐病是土传病害，要通过种子包衣来控制；对叶斑病和穗腐病等的防控除采用控制前移技术提前预防外，还可在花粒期喷施药剂防治，减轻植株后期早衰；防治果穗害虫为害可采用氯虫苯甲酰胺等杀虫剂与苯醚甲环唑等杀菌剂混用，可同时防治果穗害虫和后期病害。

生育中后期，玉米植株高大，用高地隙喷雾机、无人机或飞机航化作业，效果较好（图3-40）。

高地隙机具喷药　　　　　　无人机喷药　　　　　　飞机航化作业

图3-40　玉米田喷药

第十节　收获与秸秆处理

玉米收获是将产量转换为效益的重要环节，只有收获技术与适期收获相配合，才能提高收获效率和籽粒品质，降低收获后的收储管理成本。河南夏播区玉米收获方式主要有人工收获、机械穗收和机械粒收，目前以机械穗收所占比例最大，而机械粒收则是未来玉米收获的主要发展方向。

一、适期收获

玉米的适宜收获期因品种、播期及生产目的而异。对于籽粒玉米而言，适宜收获期首先要在粒重达到最大之后，才不会因提早收获而影响产量。其次，籽粒要在干燥变硬后才能保证收获过程中避免挤压破碎，并能减少收获后籽粒晾晒时间或烘干费用，提高籽粒的商品品质。最后，收获期不宜过晚，过晚收获会增加茎秆倒伏和落穗风险，倒伏会极大影响玉米收获效率，引发果穗霉变等，对玉米的产量和品质产生不利影响。

玉米籽粒授粉后，经过40～60天的灌浆过程，达到生理成熟，即籽粒灌浆结束、粒重达到最大值。玉米生理成熟的标志一般表现为：植株的中、下部叶片变黄，基部叶片干枯；果穗变黄，苞叶干枯呈黄白色而松散；籽粒脱水变硬、乳线消失、微干缩凹陷；籽粒基部（胚下端）出现黑层，并呈现出品种固有的色泽（图3-41）。

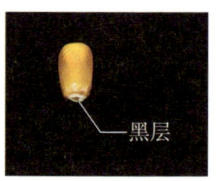

图3-41　玉米籽粒生理成熟的黑层

基于不同品种的籽粒灌浆动态观测结果显示，乳线出现时（乳线比例为0时）的籽粒灌浆进程已达50%，即粒重已达最大粒重的50%；乳线高度达50%时，籽粒灌浆达到90%。乳线消失时的籽粒灌浆进程约为99.24%。乳线能够用于监测籽粒的灌浆动态，将乳线和黑层结合起来能够用于生理成熟的判断（图3-42，图3-43）。

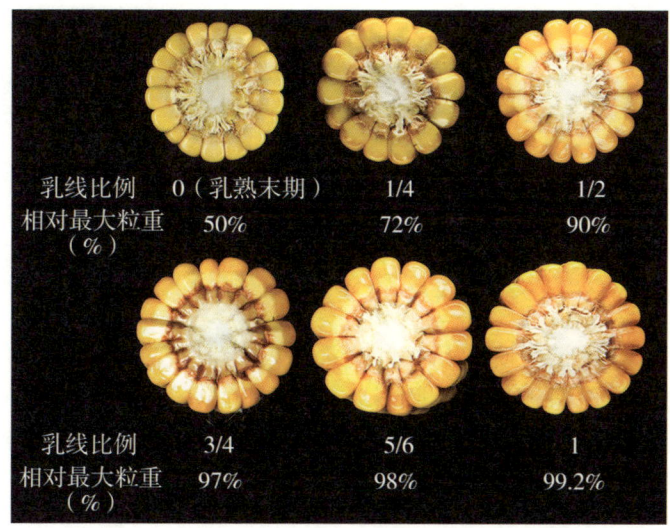

图3-42 乳线比例与籽粒灌浆进程关系示意图

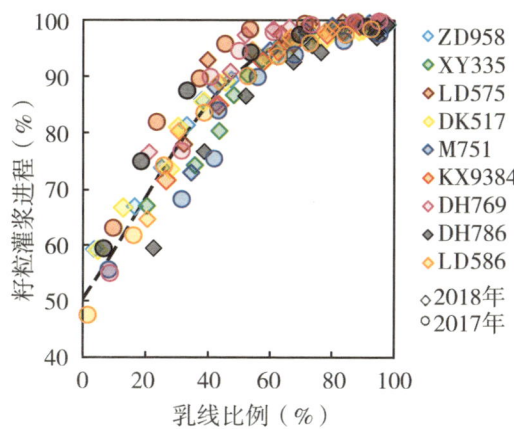

图3-43 不同玉米品种乳线比例与籽粒灌浆进程的关系

此外，还要根据天气情况、品种特性和栽培条件确定适宜收获期，合理安排收获顺序，做到因地制宜、适时抢收，确保颗粒归仓。如遇雨季迫近，或整地需要，或品种易落粒、折秆、掉穗、穗上发芽等情况，应适当提前收获。

二、机械收获技术

玉米机械收获主要有两种方式：一种是用联合收割机配带玉米割台进行玉米机械籽粒直收作业（图3-44）；另一种是专用玉米收获机进行玉米果穗收获。需要回收秸秆再利用的地区，可以结合秸秆打包机进行秸秆收集。

人工收获　　　　　　　机械穗收　　　　　　　机械粒收

图3-44　玉米主要收获方式

果穗收获：对种植中晚熟品种和晚播晚熟的地块，玉米籽粒含水率一般在25%以上时，应采取机械摘穗、晒场晾棒或整穗烘干的收获方式，待果穗籽粒含水率降至25%以下时用机械脱粒。玉米穗收机械生产应用需达到技术性能指标是：机械收获籽粒损失率≤2%、果穗损失率≤3%、籽粒破碎率≤1%、苞叶剥净率≥85%、果穗含杂率≤3%；茎秆切碎长度（带秸秆还田作业的机型）≤10 cm、还田茎秆切碎合格率≥90%，抛撒均匀。

籽粒直收：籽粒直收技术机械化程度高，可以大幅度地提高收获效率，减少劳动强度，降低收获损失，是现代玉米生产的发展方向。由于在收获中联合实施脱粒作业，因此籽粒直收方式需籽粒含水率降至28%以下，可利用玉米籽粒联合收获机直接进行脱粒收获，减少晾晒再脱粒成本以及晾晒过程中的霉变风险。玉米机械籽粒直收的收获质量指标：机械收获总损失率（落穗与落粒）≤5%、籽粒破碎率≤5%、杂质率≤3%。

据在河南省新乡市不同收获期的粒收试验结果分析，随着收获期推迟，籽粒含水率逐渐降低，籽粒破碎率和落粒率呈先降低后升高趋势，杂质率逐渐降低，落穗率逐渐增加。

近年来，随着玉米生产规模不断扩大、玉米种植密度和产量不断提高，玉米收获机械化率快速提高。2019年，全国玉米机收率为77.32%。据2022年国家玉米产业技术体系调查结果显示，黄淮海夏玉米区仍以机械穗收方式为主，占比达83.30%。采用机械粒收方式的面积比例仅为12.02%，人工收获的面积仍有约4.68%（图3-45）。

第三章 玉米密植高产精准调控关键技术

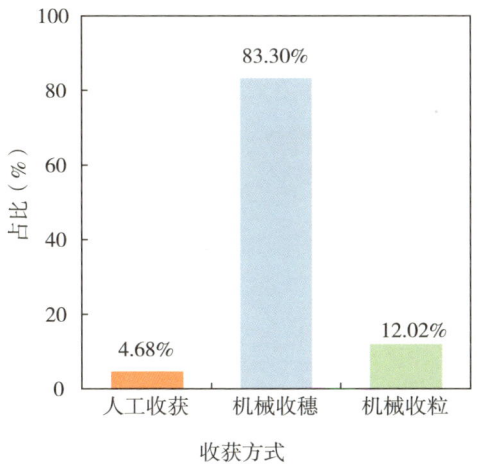

图 3-45 黄淮海夏播玉米区玉米收获方式占比调查分析
注：2022 年，调查了 70 个示范县 1 688 户，调查面积 4.91 万亩。

河南省夏玉米区光热资源丰富，但由于区域内冬小麦—夏玉米一年两熟的农作制度，在保障小麦生产的前提下，夏玉米生产季节光热资源略显紧张，籽粒成熟度低、含水率高。该区域玉米成熟期前后降雨多，籽粒水分高，使其机械收获部分受限。此外，区域内农户地块小、生产规模小、作业机械小，成为不同于欧美、极具中国特色的玉米生产区域。

根据收获期气候条件分析，自生理成熟下降到籽粒含水率 25% 的干燥天数需 13～15 天，下降至 20%，河南中南部地区需 35～40 天（图 3-46）。目前黄淮海夏玉米主栽品种自出苗至生理成熟约需活动积温（≥0℃）2 050～2 800℃·天，生理成熟后至籽粒含水率下降至 25% 约需活动积温 160℃·天，继续干燥至 20% 含水率约需活动积温 290℃·天。在采取机械粒收方式选择品种时，应考虑区域热量条件与品种熟期以及生理成熟后干燥脱水的热量需求，为产量和生产效率协同提高奠定品种基础。

此外，由于缺乏适宜区域生产的一机多用收获设备以及配套的烘干设施，当前夏播玉米区仍以玉米机械穗收形式为主，机械籽粒直收技术面积占比较低（图 3-47，图 3-48）。

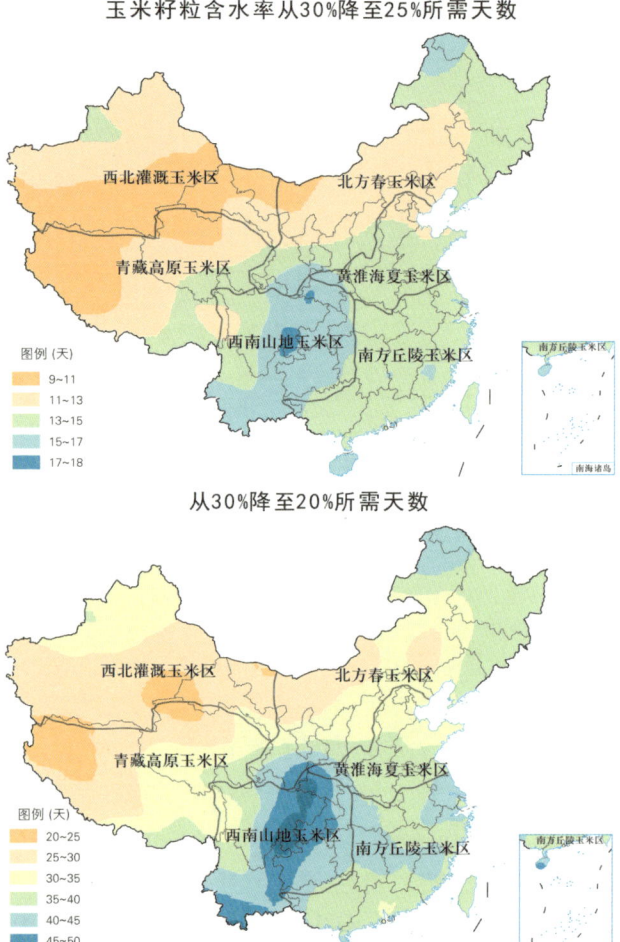

审图号：GS京（2024）1720号

图 3-46　玉米籽粒含水率从 30% 降至 25% 和从 30% 降至 20% 所需天数

图 3-47　夏播玉米区机械籽粒直收测试

图 3-48 玉米果穗堆放与籽粒烘干

采用玉米机械收获时应注意以下几点。

一是收获前 10~15 天，应对玉米的倒伏程度、种植密度和行距、果穗的下垂度、最低结穗高度等情况，做好田间调查，并提前制定作业计划。

二是提前 3~5 天，对田块中的沟渠、垄台予以平整，并将水井、电杆拉线等不明显障碍安装标志物，以利安全作业。

三是作业前应进行试收获，调整机具，达到农艺要求后，方可投入正式作业。国产玉米联合收获机均为对行收获，作业时其割台要对准玉米行，以减少掉穗损失。

四是作业前，适当调整摘穗辊（或摘穗板）间隙，以减少籽粒破碎；作业中，注意果穗升运过程中的流畅性，以免卡住、堵塞；随时观察果穗箱的充满程度，及时倾卸果穗，以免出现果穗满后溢出或卸粮时卡堵现象。

五是正确调整秸秆还田机的作业高度，以保证留茬高度小于 10 cm，以免还田刀具打土、损坏。

三、收获后的秸秆处理

高产玉米的收获指数在 50% 左右，秸秆产量与籽粒产量基本相当，是重要的农业资源。玉米秸秆含有 30% 以上的碳水化合物、2%~4% 的蛋白质和 0.5%~1% 的脂肪，经青贮、黄贮、氨化及糖化等处理后，2 kg 玉米秸秆增重净能相当于 1 kg 的玉米籽粒。饲喂产生的牲畜粪便还是优质的有机肥料，还田具有良好的生态和经济效益。因此，充分有效地利用秸秆是提高农业生产效率、促进农业可持续发展的重要内容。

（一）秸秆做饲料

畜牧业发达地区，可用秸秆打包机将部分秸秆打包离田，用于饲草，有利于减轻过量秸秆还田造成的下茬作物播种困难。收获的玉米秸秆可以黄贮，应边收边贮，尽量减少暴晒和堆积，以保证贮料新鲜。在黄贮前必须进行切碎，一般以 2~2.5 cm 为宜。尽量避免在雨天进行收割、运输贮料，以减少泥土的污染（图 3-49）。

玉米密植高产精准调控技术（河南省夏玉米区）

图3-49　玉米秸秆打捆做饲料

（二）秸秆还田

秸秆和根茬应根据机械配置、种植模式、市场需求等具体情况进行移除或粉碎还田处理。目前，玉米秸秆还田的方式主要有直接还田（翻耕还田、覆盖还田）和间接还田（养畜过腹还田、沤肥还田）。随着机械化收获和秸秆粉碎机械作业的推广，秸秆直接还田的面积逐步扩大，目前秸秆还田技术主要有以下两种作业形式。

一是秸秆粉碎覆盖还田。一般在冬春季干旱、土壤风蚀严重地区运用，发挥减少土壤扰动、保持土壤水分等作用。在玉米收获时用联合收割机（或收获后结合秸秆粉碎机械）将收获后的秸秆就地粉碎并均匀抛撒在地表覆盖还田，用免耕播种机直接进行下茬作物播种。秸秆粉碎要细碎均匀，长度不大于10 cm，铺撒均匀，留茬高度小于15 cm（图3-50）。

二是秸秆粉碎后翻埋还田。一般应在冬季降水多、地块平整、土壤风蚀较弱的地区运用。犁耕翻埋还田时，耕深不小于20 cm；旋耕翻埋还田时，耕深不小于15 cm，耕后耙透、镇实、整平，消除因秸秆造成的土壤架空，为播种和作物生长创造条件。秸秆还田的地可按还田干秸秆量的0.5%～1%增施氮肥，调节C/N（图3-51）。

需要注意的是，还田秸秆中可能带有虫卵、病原等，造成来年病虫害发生的显著变化，应注意苗期、成株期病虫防治，避免造成损失。

图3-50　秸秆粉碎并均匀抛撒在地表覆盖还田

图3-51　秸秆粉碎后翻埋还田

第四章
抗逆减灾

玉米密植高产精准调控技术（河南省夏玉米区）

自然灾害是人类依赖的自然界中所发生的异常现象，我国是世界上自然灾害种类最多的国家。农业自然灾害系统包括致灾因子、孕灾环境、承灾体3个因素。致灾因子主要是指导致作物产量损失的各种自然灾害因子，对玉米生产影响较大的气象灾害就有干旱、雨涝、高温、热带气旋（狂风、暴雨、洪水）、冷害、冻害、雹害、风害、连阴雨等。灾害都有消极的或破坏的作用，河南地区大风、干旱、雨涝、高温热害和阴雨寡照等自然灾害发生频繁，造成玉米倒伏、倒折、空秆、畸形穗、秃尖严重、缺粒、秕粒增多、千粒重降低，严重影响玉米产量。

第一节 干 旱

干旱是一个农业气象学术语，是指在无灌溉条件下，长期无雨或少雨，气温高，空气湿度小，土壤水分不能满足农作物的需要，使作物的正常生长受到抑制，甚至枯死，造成减产或绝收的一种灾害性天气，是土壤干旱和大气干旱并存的一种自然灾害。干旱具有发生频率大、持续时间长、发生范围广、灾害损失重等特点，是我国玉米产区发生频次最高的自然灾害，也是造成玉米减产的主要气象灾害（表4-1）。

表4-1 土壤干旱级别

阶段	重旱	中旱	轻旱	适宜	过湿
作物生育期	土壤相对湿度<40%	40%≤土壤相对湿度<50%	50%≤土壤相对湿度<60	50%≤土壤相对湿度<80%	土壤相对湿度≥80%
非生育期	土壤相对湿度<30%	30%≤土壤相对湿度<40%	40%≤土壤相对湿度<50%		

干旱具有连片发生的特点，主要集中在我国中部、北部和西南地区，河南西部和北部地区夏玉米干旱危险性也整体偏高。以水分亏缺指数作为致灾因子进行定量评价，河南地区夏玉米生长季干旱发生危险性最大的阶段主要是播种期至出苗期和乳熟期至成熟期，河南省夏玉米干旱综合风险最大的地区主要分布在河南西部和西南部部分地区；其次是河南南部，属于次高风险区；风险低值区主要分布在河南信阳等地，其他地区属于中度风险区。

一、干旱类型

在玉米生长发育的各个阶段,水分胁迫均会引起一系列的不良后果,对玉米的光合作用、呼吸机制、氮素代谢及生长发育和产量等都有明显影响。按干旱出现的季节,河南夏玉米生长期间会先后经历为初夏旱、伏旱、"卡脖旱"、秋旱等(图4-1)。

初夏旱:初夏旱是指出现在5月底至6月上旬的干旱。初夏旱一般出现频率较高,初夏旱出现常常造成玉米不能及时播种,或者播种后不能及时出苗,也容易造成出苗有早有晚,植株小、弱、叶片面积小,长势不整齐,造成管理困难,生物产量大幅度减少,直接影响产量。

图4-1 干旱玉米田

伏旱:是伏天发生的干旱。一般发生在7月中旬至8月下旬,即从入伏到出伏,这一阶段正是玉米由以营养生长为主向生殖生长过渡的时期,俗语常说"春旱不算旱,夏旱减一半"。如果伏旱发生较早,在玉米抽雄前发生,常易引起玉米的"卡脖旱"或者雄穗发育畸形。如果伏旱发生在玉米散粉吐丝期,常常引起玉米授粉不良,玉米花粒和结实性差(图4-2)。

"卡脖旱":玉米抽雄前10~15天到抽雄后20天是玉米一生中需水最多,耗水最大时期,也是水分"临界期",对水分特别敏感。抽雄前10天时缺水,雄穗处于密集的叶丛中,抽出困难,叶节间密集而短,直接影响

图4-2 伏旱

到了雄穗的开花散粉和雌穗的授粉受精，雄穗或雌穗抽不出来，似卡脖子，故名"卡脖旱"（图4-3）。

图4-3　卡脖旱

秋旱：秋旱又称"秋吊"，是指玉米籽粒灌浆阶段发生的干旱，8月中旬至9月上旬水分供应不足，影响籽粒灌浆，降低千粒重，尤其果穗顶端易形成秕粒和秃尖，直接影响产量和质量。俗语有"春旱不算旱，秋旱丢一半"，有"春旱盖仓房，秋吊断种粮"的说法（图4-4）。

图4-4　秋旱

二、干旱危害

水分胁迫对玉米生长的影响是深刻而全面的，包括解剖、形态和生理生化等各个方面，最终影响产量的形成。

（一）对玉米出苗的影响

土壤水分含量与玉米出苗率关系密切，玉米从萌发到出苗这一阶段需水较少，但这一时期对水分最为敏感。水分过多或过少，均对玉米萌发出苗造成了一个不利环境，造成种子内部一系列生理生化反应的延迟与破坏，使种子活力下降，种子萌发初始时间推迟、萌发率下降、种苗生长缓慢。玉米出苗率一般随着土壤水分含量的增加而增加，达到最高值后，随着土壤水分含量的增加而减小。对于任何土壤类型，土壤相对含水量在70%～80%的范围内才能满足玉米出苗阶段的水分需求量，壤土水分含量适宜范围为19%～22%，黏土为26%～29%，砂壤土为13%～15%。

（二）对玉米植株形态的影响

玉米生育前期（苗期至抽雄期）水分对植株高度有显著的影响，拔节至抽雄期干旱胁迫对株高的抑制大于其他时期。水分胁迫使玉米的绿叶面积显著减少，主要是由于新生叶片的伸展受抑制所致，水分胁迫会后加重叶面积的损伤，使叶片的衰老加剧，致使叶面积大量衰减。水分多少对玉米开花散粉期和灌浆期影响幅度较大，其次是雌穗小花分化期，拔节期则较小。植物受到水分胁迫时，植株茎秆直径会收缩变细，可以将茎秆直径作为指标来监测作物水分亏缺状况。干旱条件下，玉米根系数量、重量和体积都大量减少，根系生长受到明显抑制，玉米主根的伸长速率仅为最大值时的20%，主要影响0～10 cm表层根系。

（三）对玉米产量及其构成因素的影响

不同生育时期干旱胁迫处理的减产幅度不同，表现为开花期>吐丝期、抽雄期>灌浆期>拔节期。产量构成因素中受水分影响变幅最大的是穗粒数。籽粒灌浆对水分胁迫敏感的时期从吐丝期后2～7天开始，直到吐丝期后12～16天结束，吐丝期后12～16天内水分胁迫造成产量的降低为对照的50%，主要是由于籽粒灌浆速率的下降或灌浆持续时间的缩短或两者共同作用导致粒重降低。受干旱胁迫影响的植株，其籽粒灌浆持续时间缩短2～9天，籽粒灌浆速率下降8%～18%。

（四）对玉米生理指标的影响

干旱胁迫下玉米叶片的叶绿素含量显著下降：玉米苗期中度干旱胁迫7天，玉米叶片的叶绿素a、叶绿素b、类胡萝卜素以及总叶绿素含量降低，其中叶绿素a含量的下降2%，类胡萝卜素的含量下降20%～30%，叶绿素b的含量降低30%～50%。土壤水分状况影响各生理指标峰值的高低和出现的早晚，随着土壤含水量的降低，光合速率、蒸腾速率、气孔导度的峰值出现的时间提前。当土壤水分胁迫出现时，其正午前后的光合速率、蒸腾速率、气孔导度下降较快，作物的光合速率下降，导致光合午休。

三、抗旱措施

提高玉米的生产力和减轻阶段性干旱损失的技术途径可以从以下两个方面考虑。

（一）减少干旱发生的频率和干旱的程度

充分利用有限的水资源，提高土壤蓄水保墒能力。第一，要使降水尽可能地渗入土壤，减少地面径流和水土流失。第二，要使地下水得到最大可能的保存和利用。第三，可以建立以深松为主体、松、耙、压相结合的土壤耕作制度以及免耕和秸秆覆盖等保护性耕作制度，改善土壤结构，增强土壤蓄水保墒能力，降低土壤干旱程度，提高抵御旱灾能力。

（二）提高玉米品种和植株对干旱环境的适应性

1. 选育和选用抗旱品种

遗传特性决定作物的抗旱性，不同品种的抗旱性有很大差异，需合理安排耐旱与不耐旱作物及品种的比例。

2. 增强抗旱锻炼

玉米苗期适当干旱和蹲苗，可促进根系深扎，扩大吸水范围，增强叶片的持水保水能力，提高植株耐旱力。

3. 调整作物播期及布局

对周期性和阶段性干旱地区，适当调整播期，使作物的生长发育或其水分临界期避开干旱期。干旱常导致玉米花期不遇，人工授粉可认大幅度地减少灾害损失。

4. 改善作物营养状况

改善土壤养分状况，适量施用化肥和有机肥，可改善营养供应、促进作物根系下扎，从而起到以肥调水、肥水相济的作用。

5. 及时青贮割黄

干旱绝产的地块，如玉米叶片青绿，可及时进行青贮作为饲料，最大限度地利用有效的生物资源。

（三）选用节水模式

选择滴灌技术、微灌技术等节水模式。

第二节　水　灾

在农业领域水分灾害主要有洪灾、涝灾和渍害。

洪灾是指暴涨而外溢的水流。主要表现特征是洪水的冲毁和淹没，造成农田设施的物理性损毁和作物的物理性损伤或毁坏；涝灾是指农田积水较深，作物受淹时间较长，超过农作物耐淹能力，积水退落后引起作物生长缓慢、倒伏、早衰等而致灾。主要表现特征是作物植株部分或全部淹没，并引起植株倒伏，造成植株气孔关闭和部分器官或组织受损，最严重程度是作物植株全部受淹或大面积倒伏，导致作物光合和呼吸作用中断，造成绝收；渍害（也称湿害）是因洪、涝积水或因地下水位上升过高，造成土壤含水率过高甚至饱和，导致作物根系长期缺氧并引起植株发育不良而减产。渍害特征是田间有较少积水甚至没有积水，但地下水位超过作物耕作层以上，土壤水分接近饱和或超饱和状态。

我国玉米生产最易遭受涝渍胁迫而致灾，平均减产率可达40%。玉米是需水量大但又不耐涝的作物。土壤湿度超过最大持水量的80%以上时，玉米就发育不良，尤其在玉米苗期表现更为明显。黄淮海地区地形平坦，地势低平，降水集中，且多暴雨，夏玉米洪涝危险性整体偏高，空间差异显著（图4–5）。

图4-5 玉米涝害

玉米种子萌发后，涝害发生得越早受害越重，淹水时间越长受害越重，淹水越深减产越重。一般淹水4天减产20%以上，淹没3天，植株死亡。玉米对涝害的反应以生育前期较敏感，三叶期、拔节期和雌穗小花分化期淹水3天使单株产量分别降低13.2%、16.2%和7.9%，而开花期和乳熟初期淹水3天则未造成减产（表4-2）。

表 4-2 玉米不同生育时期的耐涝指标

生育时期	最大淹水深度（cm）	允许天数（天）
苗期至拔节期	2～5	1～1.5
抽雄期	8～12	1～1.5
孕穗灌浆期	8～12	1.5～2.0
成熟期	10～15	2.0～3.0

资料来源：刘光启（2008）。

一、涝渍的危害

玉米是一种需水量大而又不耐涝的作物，其不同发育阶段对涝渍害的敏感程度不同。总体上看开花前对涝渍反应较为敏感，其中以苗期最为明显；其次是穗期；乳熟期及以后影响较小。

（一）对玉米生长发育的影响

涝渍可使玉米生育期推迟，一方面是由于根系吸收能力降低，减少了对养分的吸收，使植株营养生长受到抑制；另一方面是受涝渍影响的玉米在土壤水分恢复正常水平后，还存在一个滞长、缓苗期。玉米苗期受涝可使抽雄期推迟7～10天，吐丝期推迟7～8天，成熟期推迟10天左右。涝渍还会延长开花期与吐丝期之间的间隔日数，造成授粉困难从而影响产量，而耐涝玉米品种受淹后开花期与吐丝期间隔日期一般小于5天。

涝渍可使玉米叶片出生速率降低，新生叶片窄而长，相应的叶面积、叶形指数和可见叶片数均显著下降。叶片衰老加速，叶片颜色变成紫色或紫红色，单株叶片数较正常植株略有减少且枯黄叶片增加，地上部分碳同化能力降低，干物质积累速度降低，影响光合产物在地上部和根部的分配比例。

土壤水分过多导致玉米根系缺氧，有氧呼吸途径改变为有害的无氧呼吸，大量有害物质（H_2S、FeS等）积累，根系生长环境恶化，影响根系的正常发育和生长。短期淹水（7天）根系粗而短，根毛减少，根尖变褐，成铁锈状，根系总长度、根系面积、根系体积均显著降低；随着淹水时间延长（14天），玉米形态和生理会产生一定的适应性，根系产生大量不定根，并且可以伸出水面，以吸收更多的氧气来维持玉米在淹水逆境下的生存能力。

（二）对玉米生理生化特性的影响

涝渍可导致植株体内乙烯、脱落酸（ABA）、细胞分裂素、生长素、赤霉素等各种激素发生变化，渍涝使无氧呼吸加强，同时还产生乙醇、乙醛、乳酸等有毒物质使植物受害。涝渍导致叶片中丙二醛（MDA）增加与积累，乙醇脱氢酶（ADH）活性增加，超氧物歧化酶（SOD）和过氧化氢酶活性下降，叶片活性氧产生速率加快，叶片叶绿素降解且合成能力下降，绿色面积减少；当丙二醛积累到一定程度，细胞内电解质大量泄漏，出现不可逆的衰老损伤，直至植物死亡。涝渍条件下正常的蛋白质合成受到抑制，并产生厌氧蛋白，从而使植株体内氮素水平降低，功能叶片的全氮含量和蛋白质氮的含量也相应减少。

植物在缺氧条件下只能利用无氧呼吸产生的能量（ATP），无氧呼吸产生能量效率比有氧呼吸显著偏低，需要消耗大量光合产物和贮藏淀粉，造成植物体内淀粉和可溶性糖急剧下降。土壤水分过多、根系缺氧导致叶片气孔关闭，增大CO_2向叶片扩散的阻力，影响光合相关酶类的活性继而抑制光合作用。

（三）对玉米产量及其构成要素的影响

玉米在不同时期受涝均会导致产量下降，但下降幅度与受淹生育期、受淹程度、受淹时间长短有关。前期主要影响"源"的大小，后期则主要影响"库"的大小。幼苗期较为敏感，尤其在4叶期，渍水5天可减产10%～30%，渍水15天产量下降显著。拔节期积水影响玉米穗器官的形成和近果穗中层叶的分化和生长，使玉米中层叶面积减小，下部叶片死亡加速，影响玉米后期的光合强度和光合产物的积累。拔节期连续积水3天植株死亡率可达17.1%，积水5天后植株的死亡率高达50%以上。无论是拔节期或是抽雄期，积水3天以上产量都将减产50%以上，拔节期积水5天以上绝收，抽雄期积水7天以上绝收。从产量构成因素分析，苗期受涝减产的主要原因在于穗粒数减少和百粒重的大幅度降低，这与开花晚、吐丝期推迟、灌浆期缩短有关；拔节期受害减产主要是由于营养生长和生殖生长受到较大影响而导致每株粒数减少；小花分化期受涝减产是植株粒数减少和千粒重降低的综合作用。

二、抗涝措施

农田涝渍灾害防控技术主要包括综合排水技术、作物种植结构和种植方式调整技术、作物涝渍胁迫调控技术、作物耐涝渍基因分子育种技术等。

农田排水。农田涝渍灾害是降水导致田面积水或地下水位过高造成的，发展农田排水技术是治理农田涝渍灾害的最有效措施。

调整作物种植结构和种植方式。通过调整易涝作物种类和种植模式等改变孕灾环境，达到涝渍灾害防控和减灾目的。通过局部性改变田间孕灾环境能够很好地减缓涝渍灾害程度，比如采用垄作种植模式，种植耐涝性强的品种。涝渍胁迫下，夏玉米采用宽行垄作种植模式，功能叶叶绿素含量增加，光合速率比传统平作模式提高了12.3%，抗倒伏指标提高18%，减产率平均降低

10.4%。

喷施生物调节剂。生物调节剂对涝渍灾害作物恢复、减少涝渍灾损有积极的作用和意义。夏玉米涝渍灾后喷施苯基脲、脱落酸、抗坏血酸加 6- 苄基腺嘌呤复合配方、抗坏血酸等制剂能够快速恢复功能叶的光合能力，提高穗重，降低减产率。喷施亚精胺（Spd）也可有效缓解淹水对玉米叶片光合、根系生理及产量的影响。微量元素锌也可以明显降低植株体内氮磷含量，提高钾的含量，增强玉米耐涝抗渍能力。

加强病虫害防治。由于田间积水，土壤水分饱和，空气湿度大，易发生各种病虫害如大小斑病、纹枯病及玉米螟等。喷施叶面肥时，可同时进行病虫害防治。

促进早熟。涝灾发生后，玉米生育期往往推迟，有可能后期温度降低灌浆不充分。可采取隔行或隔株去雄、打底叶、断根等促早熟措施，以促进灌浆成熟。

耐涝品种培育与应用。近年来，随着分子育种技术的不断发展，利用农作物品种数量性状基因定位、耐涝渍性状分子辅助标记和克隆等技术，培育具有耐涝渍特性的玉米新品种，也是未来从承灾体脆弱性方面进行涝渍防控的主要手段。

三、渍涝胁迫研究案例分析

2021 年 7 月 18—21 日，河南省境内 1 923 个观测站降水量大于 100 mm，606 个观测站大于 250 mm，多个站点突破历史极值，导致全省范围内的 1 068 万亩农作物受灾。位于河南省漯河市的中国农业科学院作物科学研究所试验田连续强降雨共计 185.60 mm，田间平均积水深度超过 10 cm（图 4-6）。

图 4-6　2021 年 7 月 18—21 日连续强降雨造成的渍涝灾害

淹水胁迫下，玉米品种的根干重明显下降（图4-7），且随着淹水天数的延长，根干重降低的幅度增大。如淹水2天时，两玉米品种的根干重平均比对照降低5.1%，淹水至8天时，平均比对照降低20.9%。不同品种对淹水胁迫的响应程度不同。

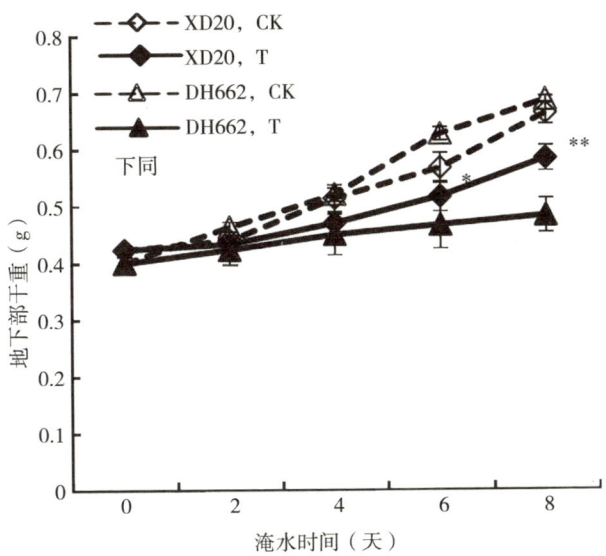

图4-7 淹水对不同玉米品种根干重的影响

淹水胁迫下，玉米品种的总根长均明显下降，且随着淹水天数的延长，总根长降低的幅度增大（图4-8）。

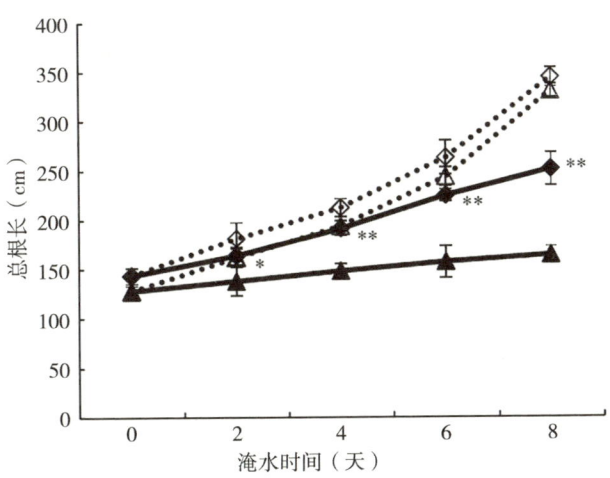

图4-8 淹水对不同玉米品种总根长的影响

淹水胁迫下，玉米品种的根系活力均明显下降（图4-9），与根长度和根干重的变化趋势一致，淹水胁迫时间越长，对根系活力的抑制程度越大。

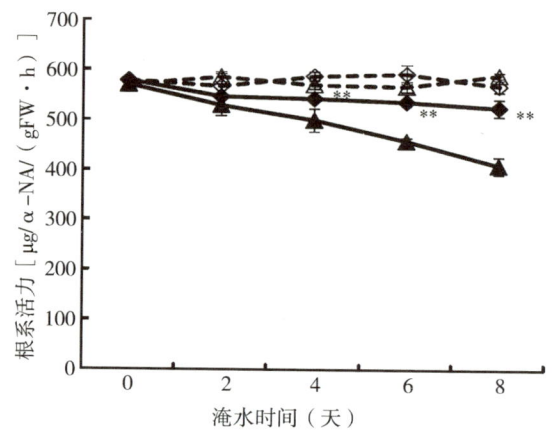

图4-9 淹水对不同玉米品种根系活力的影响

渍涝通过抑制根系正常生长发育，影响地上部物质生产和转运，导致叶片早衰、光合速率显著下降，玉米"源"的物质供应减少，影响籽粒"库"的形成，从而导致穗长减短，秃尖变长，穗粒数减少，显著降低夏玉米产量。

发生洪涝灾害后，及时排水、利用水肥一体化设施进行精准调控，能够改善根系生长环境，减缓叶片早衰，延长了夏玉米灌浆后期叶片功能期，增加了地上部和地下部的干物质积累，减少了空秆率，提高了穗行数、行粒数，缓解了产量损失，是应对涝渍的有效措施。

第三节　高温热害

温度是农作物生长的必要条件之一，各种农作物的正常生长发育都有一个最适温度、最低温度和最高温度的界限，是农作物"三基点温度"。在最适温度条件下，农作物生长发育迅速而良好；在最低温度和最高温度条件下，就停止生长发育，只能维持生命。随着全球工业化的不断加快，全球气候变暖的程度越来越明显，高温已成为影响主要粮食作物生长发育的重要因素。

高温热害指在作物生长发育的关键时期温度超过农作物生长发育所能承受的最高温度，对农作物造成的危害。高温热害主要发生在我国黄淮及以南地区，主要表现是植株水分损失过快,迫使植株发育进程加快,提早成熟,籽粒灌浆、鼓粒不饱满。在植物生长季节,极端高温灾害下平均气温每增加 1 ℃,其产量估计将损失 6% ~ 7%(图 4-10)。

图 4-10 玉米遭受热害

高温热害因作物种类和发育期不同而指标有别。玉米起源于中南美洲热带地区,在系统发育过程中形成了喜温的特性,玉米不同生育时期对温度的要求不同(表 4-3)。玉米各生育阶段的热害指标为:苗期为 36 ℃;生殖期为 32 ℃;成熟期为 28 ℃。当温度超过 38 ℃时,雄穗不能开花,散粉受阻,正在散粉的雄穗在 38 ℃高温胁迫 3 天后便完全停止散粉。吐丝开花期高温空气干燥,花粉、柱头失水快,生活力差,受粉率低,影响结实率。

表 4-3 玉米不同生育时期的三基点温度 单位:℃

生育时期	下限	适宜	上限
苗期	8 ~ 10	25 ~ 30	35 ~ 40
拔节期至抽雄期	10 ~ 12	26 ~ 31	35 ~ 42
抽雄期至开花期	19 ~ 21	25 ~ 27	29 ~ 37
灌浆期至成熟期	15 ~ 17	22 ~ 24	28 ~ 30
全生育期	6 ~ 10	28 ~ 31	40 ~ 42

资料来源:山东省农业科学院,2004。

一、高温危害

(一)影响夏玉米的农艺性状

玉米高温热害的温度指标为日最高气温 ≥ 35℃,气温超过 35℃将会对玉米生产带来不利影响。苗期高温，夏玉米出苗不全，长势不齐，秧苗细弱，叶片卷缩，光合面积减少，光合能力降低。孕穗期高温则会导致出现畸形穗，如果穗变短、苞叶变短、无苞叶、大花脸等现象。花期高温热害可对雌穗和雄穗发育产生影响，高温热害严重时，顶部叶片呈水渍状，雄穗青枯失绿，玉米植株无花粉，雄穗枯萎加速。当温度超过35℃以上时，雄穗发育异常，表现在分枝少、数量不足，花药不饱满，小花退化，花粉数量减少，活力降低，最终造成玉米秃尖和稀籽花棒现象。玉米高温热害的严重程度随温度和持续时间的延长而增加，若异常高温超过38℃以上，则雄穗不能开花，花粉失去活力，散粉和受精受阻，果穗缺粒，产量降低。受高温干旱影响，雌穗不能跟上雄穗的发育，造成雌雄开花时间不一致，最终导致雌雄穗开花授粉脱节。

（二）高温对玉米光合作用的影响

光合作用是对高温最敏感的过程之一。在高温胁迫条件下，极易发生叶绿素降解，玉米叶片内叶绿素 a、叶绿素 b 和类胡萝卜素的含量都会下降，下降趋势随着胁迫时间和胁迫温度的增加而愈加明显。同时，叶绿体的光还原活性降低，反应酶活性下降，叶绿体结构受损，引起气孔关闭，并加速叶片衰老，最终导致光合作用降低，光合产物输出受阻。热胁迫会扰乱玉米蛋白质、膜系统和细胞骨架的稳定性，引起玉米一系列的代谢过程发生紊乱，产生一些有毒的物质，比如活性氧（ROS），使植物营养生长和生殖生长受到抑制，最终影响植物的产量和品质。

（三）影响夏玉米产量和品质

高温胁迫通过减少穗粒数和降低粒重来影响玉米产量。高温胁迫下，由于花粉和花丝活力同时降低，最终导致玉米穗粒数严重不足。玉米遭受高温热害时，光合作用下降，玉米植株同化物合成量减少，地上干物质的累积量降低，植株呼吸作用增强，呼吸消耗的有机物增多，导致供给籽粒灌浆的有机物不足；高温热害还会导致玉米籽粒中各种代谢酶尤其是淀粉合成酶和焦磷化酶的活性降低，使糖分向淀粉的转化受到阻碍，籽粒的生长速率降低，籽粒发育不良，千粒重降低。玉米籽粒灌浆期热胁迫会降低粒重，影响淀粉的积累，与此同时会增加蛋白质含量、淀粉粒大小、不正常淀粉粒数目和对碘的结合能力，最终会影响淀粉的黏性和热力性质。

二、对策措施

选用耐热品种。玉米基因型间的耐热性有明显差异，选育耐热性好的玉米品种是应对高温的最直接有效的措施。不同品种耐热性存在显著差异，耐热品种一般具有高温条件下授粉、结实良好和叶片短、直立上冲、叶片较厚、持绿时间长、光合积累效率高等特点，根活力也会较强，能够有效地抵御高温热害。

调节播期，避开高温天气。通过适当调整播种期（提前或推迟播种），使对高温敏感的开花授粉期避开高温天气，是减少高温危害的行之有效的措施之一。

合理选择种植模式。利用不同基因型玉米品种的耐热性存在差异的特点，可将耐热性弱的品种与耐热性较强的品种按一定比例进行混种，提高授粉率和结实率。宽窄行交替种植能够在一定程度上促进田间的空气流通，将玉米与其他矮位的农作物间作，改善群体间的通风和透光条件，缓解玉米高温热害。

加强田间管理，提高植株耐热性。在低密度条件下个体发育健壮，抵御高温伤害的能力较强，可有效抵御高温对玉米生产造成的伤害。科学施肥，改善植株营养状况，增强抗高温能力；苗期蹲苗进行抗旱锻炼，提高玉米的耐热性；在开花散粉期遇到38℃以上持续高温天气，可采用人工辅助授粉，提高玉米结实率。

及时灌水降温。高温时常伴随着干旱发生，高温热害期间进行合理的灌水能够使田间温度降低1~3℃，减少了因高温热害对玉米植株造成的直接伤害。灌水后植株能够获得更多的水分，蒸腾作用增强，冠层温度下降，还能够有效减少因温度过高引起的呼吸消耗，进一步削弱高温热害。

喷施化学调控剂。高温是通过打破作物体内激素的平衡关系而使作物产量降低的，因此通过外施作物生长调节剂，恢复平衡关系。玉米通过外施激动素（BA）也能够适当减轻高温造成的伤害，提高耐热性。也可以用尿素、过磷酸钙、磷酸二氢钾水溶液进行叶面喷肥，既有利于降低植株温度，又增加了叶片的湿度，还能为玉米的正常生长发育提供营养和水分，缓解高温热害对植株的伤害。

三、高温胁迫实例分析

高温降低了玉米的穗粗、穗长、穗行数、行粒数、穗粒数、千粒重和产量，增加了秃尖长度。高温处理的产量分别比对照降低了11.14%和25.40%（表4-4）。

表4-4 高温胁迫对玉米产量及相关性状的影响

品种	处理	穗粗（cm）	穗长（cm）	秃尖长（cm）	穗行数（行）	行粒数（粒）	穗粒数（粒）	千粒重（g）	产量（t/hm²）
ZD 958	CK	5.10 a	19.16 a	0.12 c	15.6 a	36.2 a	564.7 a	349.8 b	11.85 b
	T	4.99 a	18.64 a	0.20 c	15.1 a	35.4 b	534.5 b	328.4 c	10.53 c
XY 335	CK	4.93 a	18.61 a	1.06 b	15.7 a	34.2 a	536.9 b	386.1 a	12.44 a
	T	4.35 b	16.58 b	2.56 a	14.2 b	31.9 d	453.0 c	341.5 b	9.28 d

高温促进了玉米株高的增长，并促使玉米茎秆变细（图4-11）。

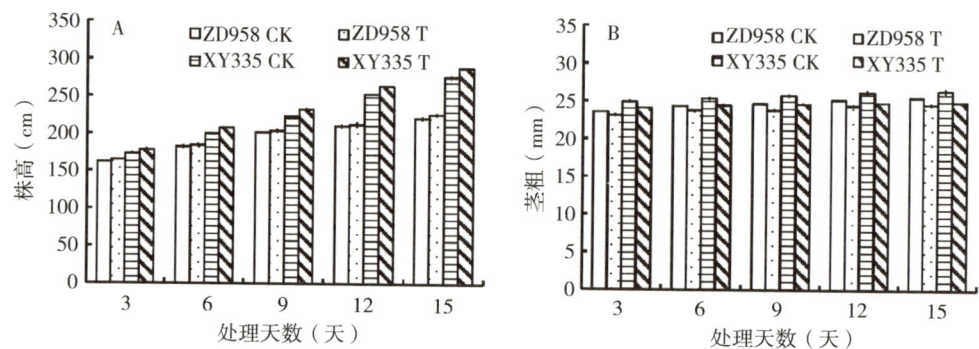

图 4-11　高温胁迫对玉米株高和茎粗的影响

高温降低了玉米的叶面积指数和干物质重（图 4-12）。

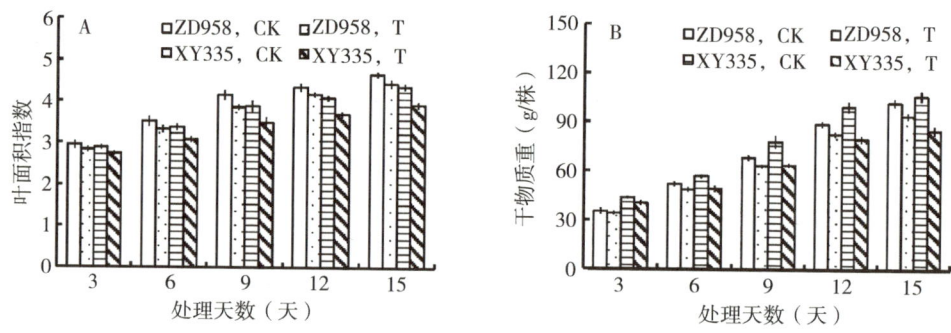

图 4-12　高温胁迫对玉米叶面积指数和干物质重的影响

第四节　高温干旱

一、河南省高温干旱发生状况

近年来河南夏玉米产区在玉米生育期内（6—9月）>35 ℃高温天气出现频率呈逐年上升趋势，尤其以玉米花期（7—8月）最为明显，即玉米穗发育和抽雄吐丝关键时期。而玉米孕穗和授粉适宜温度为 25～30 ℃，田间土壤持水量以 70%～80% 为宜。气温持续高于 35 ℃时不利于花粉形成。黄淮海地区高温伴随的持续干旱给河南省局部玉米生产造成了巨大的影响，高温干旱复合胁迫已成为严重影响玉米产量形成的非生物逆境。

二、高温干旱对玉米农艺性状的影响

高温干旱影响玉米的生长发育和干物质积累，玉米遭受高温干旱复合胁迫后株高、单株鲜重、单株干重均显著下降，且不同生育时期会产生不同程度的影响。玉米苗期遭受高温干旱复合胁迫会导致玉米叶片伸长速率减慢，叶面积减小，叶绿素含量降低，茎秆变细，植株变弱。玉米抽雄期高温干旱复合胁迫后地上部第三茎节皮层厚度和硬皮组织变薄，维管束数目减少，大、小维管束面积变小，茎秆发育受抑，茎秆输导能力下降。玉米花后遭受高温干旱复合胁迫后，高温胁迫促进了玉米营养器官的生长，直接影响籽粒灌浆持续期，限制了同化物供应时间，同时干旱胁迫限制了同化物供应和运输，最终导致高温干旱复合胁迫后的植株干物质积累量减少和产量降低。

三、高温干旱对玉米生理特性的影响

光合作用是作物生长发育和产量形成的基础，其强弱直接或间接影响玉米的产量，叶片是植物接受光进行光合作用的重要器官。高温干旱复合胁迫是通过气孔因素和非气孔因素抑制玉米的光合作用。在胁迫较轻时，光合抑制可能主要由气孔因素限制引起：高温干旱复合胁迫引起气孔关闭，气孔导度和蒸腾速率下降，CO_2供应减少，叶片含水率下降导致光合作用减弱；随着胁迫时间的延长或程度加重，非气孔因素限制成为主要影响因素，高温干旱复合胁迫易导致叶片叶绿体中类囊体结构以及细胞生物膜损伤，叶绿素合成速率减慢，光合色素降解速率加快，导致光合作用减弱，高温干旱复合胁迫持续时间越长，玉米光合作用持续下降，且对光合器官造成不可恢复的损伤。玉米花后高温干旱复合胁迫显著降低顶叶和穗位叶叶片含水率、SPAD 值、叶绿素含量、光合酶活性（PEPCase、RuBPCase），且复合胁迫对其的影响程度显著高于单一胁迫。

高温干旱复合胁迫对抗氧化酶活性的伤害有叠加效应，诱导和加速过氧化产物的产生，加速叶片衰老。如玉米苗期高温干旱复合胁迫影响幼苗叶片中抗氧化防护酶活性，导致 SOD、CAT 和 APX 酶活性提高；玉米花后遭受高温干旱胁迫后，SOD、CAT、POD 活性先上升后下降，MDA 含量增加，高温干旱复合胁迫对其影响显著高于高温、干旱等单一胁迫的影响。

四、高温干旱对玉米产量品质的影响

作物产量是由"源""流""库"三者之间相互协调决定的。作物对高温和干旱两种不同胁迫的响应不同，并且双重胁迫对作物的影响并不是简单的单一胁迫影响的叠加。高温胁迫主要是通过影响灌浆速率来降低粒重，而干旱胁迫主要是通过降低胚乳细胞分化和生长速率降低库容。高温胁迫显著降低了籽粒不同灌浆时期的淀粉合成相关酶活性,从而使淀粉含量降低。干旱胁迫下玉米籽粒中含量提高,"玉米素+玉米素核苷"和IAA含量降低,影响灌浆期籽粒充实,降低粒重。

玉米遭受高温胁迫后雄穗分支数减少、分支长度缩短,进而导致总小花数减少,花药开裂困难,花粉散粉量减少,此外,雌穗花粉管的萌发受到影响,阻碍花粉管在花丝上生长,影响受精结实,导致雌雄开花间隔期增大,散粉时间缩短,花粉活力下降,进而造成穗粒数显著减少,百粒重及籽粒产量明显下降。高温干旱复合胁迫也阻碍了玉米生殖器官的正常分化,严重影响其吐丝及授粉过程,同时花丝脱水枯萎,活跃期缩短,授粉受到影响,受精结实率降低,秃尖增长、缺粒变多,最终导致产量降低。玉米花后高温干旱增加胚乳细胞体积,降低灌浆后期籽粒中淀粉粒积累,籽粒组分合成酶活性降低、分解酶活性升高和内源激素含量的变化使籽粒淀粉积累受抑。玉米结实期遭受高温干旱复合胁迫后籽粒淀粉与可溶性糖含量显著降低,总蛋白含量显著增加。灌浆期高温干旱复合胁迫增加了籽粒败育数量,缩短了灌浆期并降低粒重,进而降低籽粒产量。

五、胁迫研究案例分析

玉米雄穗农艺性状受胁迫程度表现为高温干旱复合胁迫＞干旱胁迫＞高温胁迫＞对照。受胁迫影响玉米雄穗主轴长、主轴小花数、分枝数以及分枝小花密度均低于对照。

高温胁迫、干旱胁迫及高温干旱复合胁迫下玉米雄穗花粉活力显著下降(图4-13)。

高温胁迫、干旱胁迫及高温干旱复合胁迫处理的高活力花粉粒数量分别占总花粉粒的46.00%、29.75%和22.67%,高温胁迫下高活力花粉粒比例比CK降低22.00%、38.25%、45.33%(图4-13)。

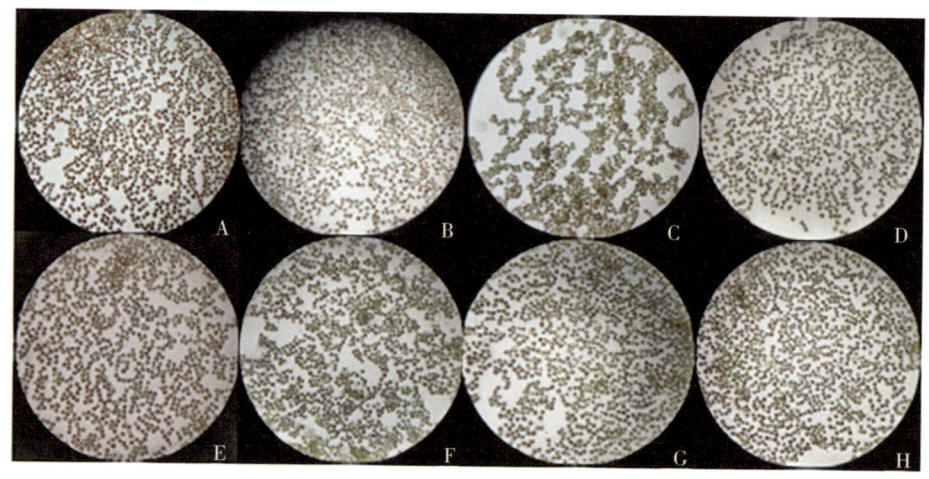

图4-13 不同胁迫处理对雄穗花粉活力的影响

玉米雄穗的日散粉量呈单峰曲线（图4-14），单株日散粉量最大值出现在开始散粉后的4～5天，散粉持续时间最长为8天。高温干旱使散粉持续时间平均缩短1～2天，其中高温干旱胁迫处理缩短2天，干旱胁迫处理缩短1天；散粉峰值出现时间提前1～2天。胁迫减少了雄穗每日散粉量。

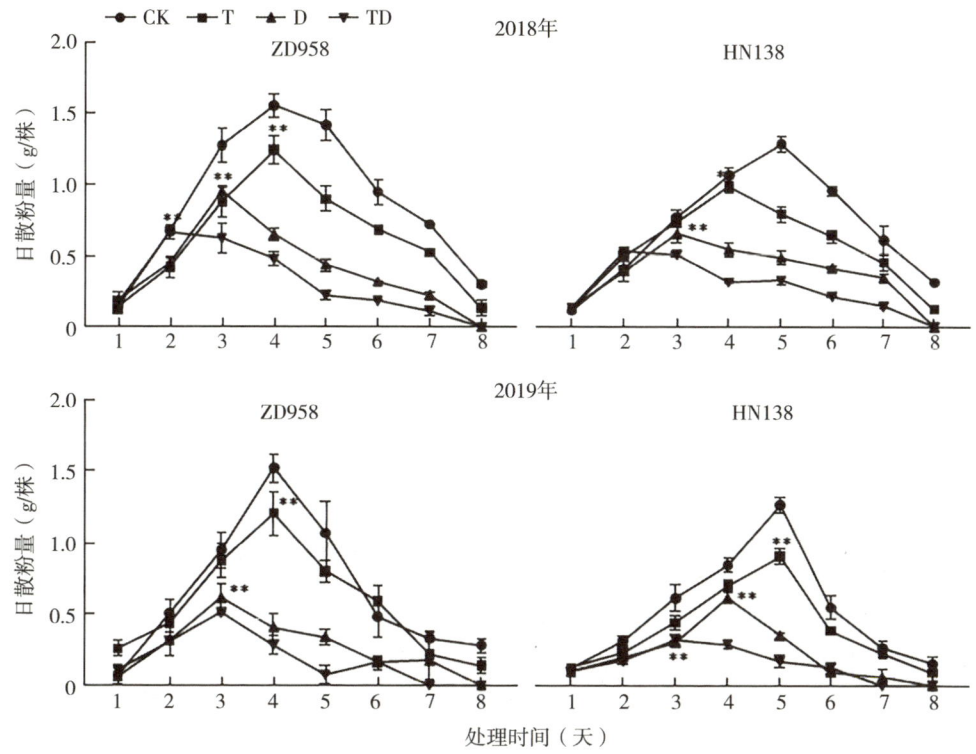

图4-14　不同胁迫处理对雄穗日散粉量的影响

注：*、** 分别表示不同处理峰值在0.05和0.01水平差异显著。

高温胁迫、干旱胁迫及高温干旱复合胁迫影响着雄穗花药结构和花粉粒形态。高温胁迫处理的花药皱缩变小，药室发生变形，部分花药壁表皮细胞发生畸形，结构排列松散，药隔维管束变小，绒毡层细胞基本正常，干旱胁迫和高温干旱复合胁迫处理的花药皱缩变小更为明显，药室变形严重甚至部分断裂，呈现凹陷和褶皱，花药壁表皮细胞出现膨大或缩小，绒毡层细胞退化，药隔维管束变少、变细，花药整体趋近解体。

高温干旱逆境胁迫下玉米穗长、穗粗显著下降，秃尖长显著增加，其中高温胁迫、干旱胁迫、高温干旱复合胁迫处理的穗长比CK平均降低8.52%、25.52%、36.07%，穗粗平均降低2.54%、11.35%、15.34%，秃尖长比CK增加319.95%、410.93%、578.82%。高温胁迫、干旱胁迫及高温干旱复合胁迫显著降低了玉米产量、行粒数和千粒重，穗行数受影响较小。

花期高温胁迫、干旱胁迫及高温干旱复合胁迫导致玉米雄穗主轴变短，分枝数变少和分枝小花密度降低，花药和花粉结构劣变，花粉数量减少，活力下降；酶促清除和过氧化产物产生平衡打破，穗粒数减少，产量降低。对雄穗生理指标及产量的胁迫程度，高温干旱复合胁迫＞干旱胁迫＞高温胁迫，以雄穗短轴、多分枝、散粉量多的品种抵御高温干旱胁迫能力更强。

第五节　风灾倒伏

风灾是因暴风、台风或飓风过境而造成的灾害。玉米是风灾比较严重的一个高秆作物，主要表现为根倒、茎秆折断。风灾倒伏常伴随涝害，造成产量大幅度下降（图4-15）。

图4-15　玉米不同时期的倒伏

一、玉米抗倒技术措施

（一）选用抗倒能力强的品种

玉米品种间遇风抗倒能力差异显著。生产中应选用株型紧凑、茎秆粗壮、茎秆机械组织较致密、抗风能力强的品种，特别是在风灾发生严重的地区。

（二）培育壮苗、保健栽培

土壤适当深耕，打破犁底层，促进根系下扎；增施有机肥和磷钾肥，切忌偏肥或者单一肥料的施用，尤其是速效氮肥；苗期适当蹲苗促壮，结合中耕促进根系发育，培育壮苗；中后期结合追肥进行中耕培土；做好玉米螟等病虫的防治工作。茎秆、穗轴受玉米螟蛀食，养分、水分的运输受破坏，也会出现红叶和茎折。

（三）适当调整玉米种植行向

气流或风向与玉米种植行向垂直时，就会大大增加玉米风灾倒伏的风险，危害也更大，因此在风灾较为严重的地区应注意调整玉米种植行向，使玉米种植行向与该地区易发生的风向一致。

（四）化控抗倒

在玉米拔节后至抽雄期前，采取化学调控措施可有效降低玉米株高，降低重心高度，增强玉米的抗倒伏能力。但要注意化控药剂的使用时期、浓度及喷施方式等，一定要严格按照产品说明书要求进行，如果化控剂喷施后遇到降雨，化控效果变差，可根据玉米的长势进行二次化控。

（五）构建防风林带

在风灾严重地区适当规划，种植防风林带，不仅可以美化环境，而且可以大幅减轻风灾危害的影响。

二、风灾补救措施

及时培土扶正。在苗期和拔节期遇风倒伏，植株能够正常恢复直立与生长，无须人工扶正；小喇叭口期若遭遇强风暴雨危害，只要倒伏程度角度或倾斜度不超过45°，经过5～7天后，也可自然恢复生长。大喇叭口期以后遇风灾必须抓紧时间进行扶苗培土，若未及时采取措施，地上节根侧向下扎，植株将不能直立起来，影响玉米授粉、结实和产量形成（图4-16，图4-17）。

图4-16 大喇叭口期前倒伏植株可自动恢复直立

图4-17 玉米中后期倒伏后地上节根侧向下扎

后期严重倒伏的地块，可采取多株捆扎方式。如在花粒期和籽粒灌浆期，培土扶正难度大，效果也不明显，需采取多株捆扎。将邻近3～4株玉米，顺势扶起，用植株叶片将其捆扎在一起，使植株相互支撑，免受倒压、堆沤，以减少产量损失。

加强管理，促进生长。灾害后田间积水时要及时排水，及时扶直植株、培土、中耕、破除板结，改善土壤通透性，使植株尽早恢复正常；并适量增施速效氮肥，加速植株生长能力；加强病虫防治，防止玉米果穗霉烂；进入成熟期的倒伏玉米应及时收获，减少穗粒霉烂。

灌浆后期与蜡熟初期遇风灾倒伏、倒折严重的地块，将玉米植株割除作为青饲料。

三、化控抗倒伏实例分析

（一）化控显著降低玉米株高

化控处理显著降低株高，且随着化控次数的增加株高下降幅度增加，一次化控和两次化控调节均显著降低株高（图4-18）。

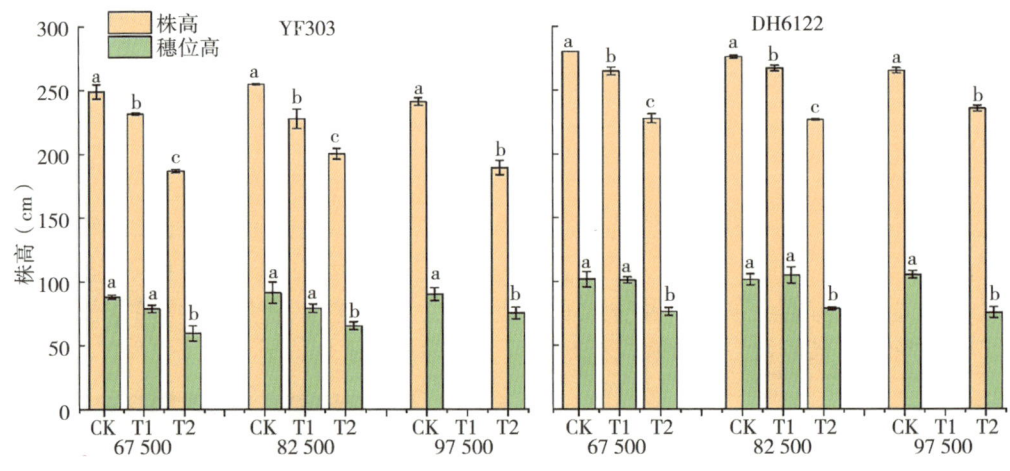

图4-18 不同处理植株高和穗位高的变化（R3期）
注：CK为对照；T1为一次化控（V7）；T2为二次化控（V7+V10）。

（二）化控缩短了玉米节间长度，增加了玉米茎粗

在3个不同种植密度下，从第5节间到第12节间的节间长度都呈现出随化控次数的增加节间长度逐渐下降的趋势（图4-19）。

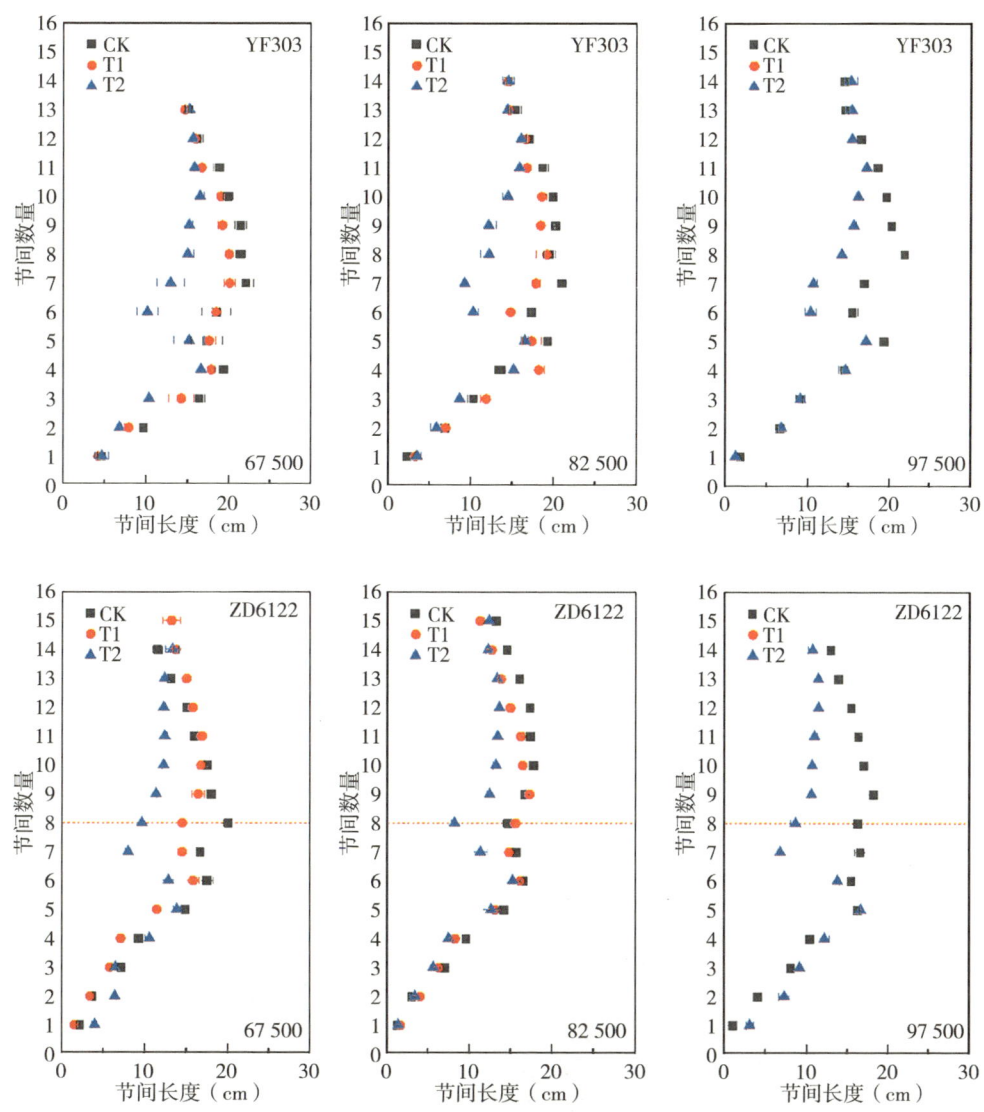

图 4-19 吐丝后 20 天不同处理植株节间长度的变化

注：CK 为对照；T1 为一次化控（V7）；T2 为二次化控（V7+V10）。

（三）化控增强了玉米茎秆的抗倒能力

抗推断力评价玉米茎秆抗倒性的重要指标之一，化控剂的喷施增加了玉米茎秆的抗推断力，且抗推断力在同一品种、同一化控处理下随着种植密度的提高而下降；同一品种、同一种植密度，抗推断力二次化控大于一次化控处理（图 4-20）。

玉米密植高产精准调控技术（河南省夏玉米区）

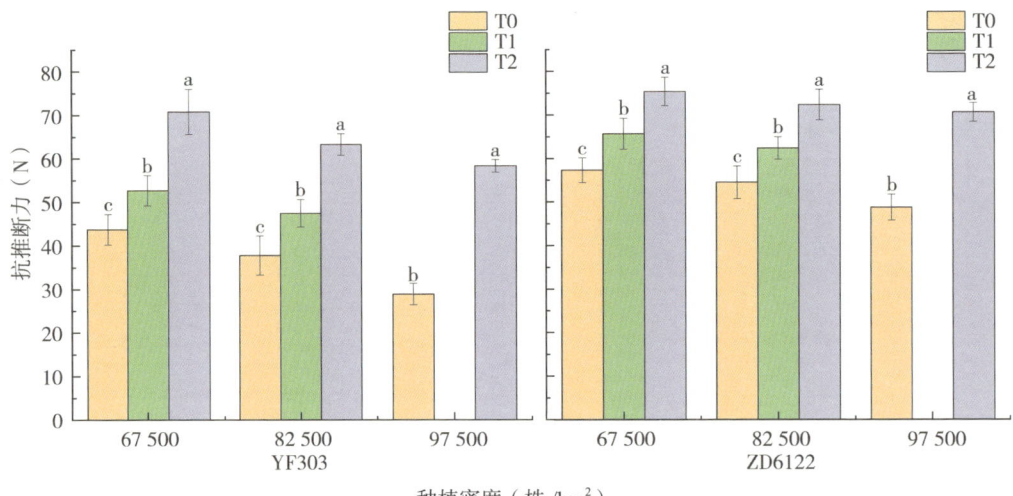

图 4-20　吐丝后 20 天不同处理植株抗推断力的变化
注：CK 为对照；T1 为一次化控（V7）；T2 为二次化控（V7+V10）。

增加种植密度，玉米茎秆变细，抗倒伏能力减弱；化控能显著降低玉米株高、穗位高，穗位系数变小，植株茎节穿刺强度变大，抗倒伏能力增强，二次化控效果优于一次化控。高密度种植条件下（97 500 株 /hm²），玉米不化控，倒伏率大大增加。玉米生产中，需要根据品种特性和种植密度进行合理的化控处理，以保证玉米群体正常发育（图 4-21）。

图 4-21　化控对不同处理植株倒伏的影响
注：CK 为对照；T1 为一次化控（V7）；T2 为二次化控（V7+V10）。

第六节 阴雨寡照

一、玉米的光照需求

光是作物进行光合生产的主要能量来源,通过光照强度、光质和光照时间影响光合作用、营养物质的吸收及其在植株体内的分配等一系列生理过程,最终影响作物的产量。一般而言,太阳辐射量决定一个地区作物生产的潜力和产量的高低。玉米是 C_4 喜光作物,充足的光照是其生长发育的必要条件,也是玉米高产的关键因素。日照对玉米的影响表现在两个方面:一是光能截获率;二是玉米开花授粉后光照时数。

寡照一般指作物生长阶段日照时数少于当地常年平均水平,由于生态条件的限制,作物生长阶段日照时数常年偏少的属于寡照地区。由于寡照基本与阴雨联系在一起,寡照以及由阴雨寡照等逆境对作物生长和产量形成的影响更加明显。河南夏玉米主产区,降水多集中在7—8月,此期也是夏玉米的开花散粉期,此期连续的阴雨寡照天气直接限制了其光合生产能力,不但使生长发育受到不同程度的影响,而且也会导致产量的降低。阴雨寡照使得田间湿度大,加之逆境下玉米生长弱,抗逆性降低,容易导致病虫害的滋生蔓延。阴雨寡照下玉米的丝黑穗病、玉米大斑病、小斑病、青枯病、茎腐病、穗粒腐等发生严重。2009年河南省周口、南阳、驻马店等地夏玉米生长发育期间阴雨寡照天气较多,特别是吐丝授粉期前后的阴雨天较多,不利于授粉和籽粒灌浆,部分品种因对阴雨寡照敏感而果穗结实受到一定影响(图4-22)。同样2021年玉米灌浆期由于长时间的阴雨寡照天气,导致玉米后期籽粒饱满度

图 4-22 玉米遇阴雨寡照田间结实不良(李潮海 拍摄)

差，粒重低于常年，且后期容易暴发青枯病。

二、阴雨寡照的危害

（一）对玉米生长发育及产量的影响

1. 遮阴胁迫对玉米表型的影响

遮阴胁迫会影响玉米的表型，对玉米株高、穗位高和叶面积的影响比较复杂，因遮阴时期、遮阴程度、遮阴时间和遮阴品种不同而有所不同。遮阴胁迫会使基部节间缩短、直径变小，单位节间长度的干物质量减少，降低穿刺强度和茎秆硬皮组织厚度，减少维管束数目，进而降低茎秆抗倒伏性，且花前遮阴对田间玉米倒伏率的影响大于花后遮阴。

2. 对玉米雌雄穗发育的影响

遮阴胁迫会导致玉米穗分化进程显著变慢，抽雄吐丝日期推迟，吐丝散粉间隔期加大，从而造成花期不遇，结实性下降，进而减产。此外，穗期遮阴还导致吐丝率降低、花丝数和雄穗分枝数显著减少、花粉活力降低、花粉畸形以及花丝生长速率降低。弱光胁迫会导致不同玉米品种空秆，空秆率随着遮阴强度增大而增加；抽雄期至吐丝末期是玉米空秆对弱光胁迫最敏感时期，空秆的主要原因是雌穗不能正常吐丝，其次是结穗率降低。

3. 对玉米干物质积累和产量性状的影响

遮阴胁迫会导致玉米干物质积累速率降低，致使干物质积累与产量不同程度降低。花前遮阴处理后，夏玉米单株干物质积累量显著降低，植株氮和磷积累量显著减少。遮阴胁迫对玉米产量性状的影响与遮阴时期、玉米基因型有关。不同时期遮光，玉米产量均会降低，花粒期遮阴减产幅度较大。孕穗期和花粒期遮阴处理后玉米产量、穗长、行数、行粒数和总粒数均明显降低，花粒期遮阴对玉米产量的影响大于孕穗期。

（二）阴雨寡照影响玉米根系的生长和结构发育

阴雨寡照显著降低了玉米根总干重，根总长度、根体积和根表面积，淹水、淹水弱光复合胁迫均刺激根系通气组织形成，弱光下未形成通气组织；随着胁迫天数的延长，通气组织形态随之发生改变，形成多个性状不规则的溶生气腔。

（三）遮阴胁迫对玉米生理生化特性的影响

1. 遮阴胁迫对玉米叶片光合速率的影响

遮阴胁迫下玉米光合作用的能量来源减少，从而导致光合速率下降，有机物积累减少，产量降低。

2. 对玉米光合作用相关酶活性的影响

遮阴处理显著降低了玉米叶片的磷酸蔗糖合成酶（SPS）及籽粒的蔗糖合

成酶（SS）、可溶性淀粉合成酶（SSS）、淀粉粒结合淀粉合成酶（GBSS）、腺苷二磷酸葡萄糖焦磷酸化酶（ADPGPPase）、尿苷二磷酸葡萄糖焦磷酸化酶（UDPGPPase）活性，花粒期遮阴影响最显著，穗期其次，苗期遮阴影响相对较小。玉米吐丝后遮阴处理导致籽粒中蛋白质合成关键酶谷氨酰胺合成酶（GS）和谷氨酸合成酶（GOGAT）活性降低。

3. 对玉米内源激素含量的影响

玉米籽粒中内源激素的平衡和调节对玉米籽粒品质的形成具有重要的作用。遮阴导致玉米籽粒败育进而减产的重要原因之一可能是籽粒激素含量的变化。遮阴后玉米籽粒的吲哚乙酸（IAA）、赤霉素（GA）和玉米素核苷（ZR）含量略有降低，脱落酸（ABA）含量升高，且败育籽粒IAA含量少、下降快，GA和ZR含量均显著降低，而ABA含量在花后20天内始终保持较高水平。

三、技术措施

选用良种，合理密植。寡照地区光照强度不足，群体过大造成郁闭反而影响产量。根据当地情况选择抗病性强、适应性广、稳产高产品种，确定适宜种植密度。

科学管理，构建高产群体。尽可能地延长玉米叶片有效功能期，防止早衰，争取籽粒饱满，增加籽粒重量。

及时中耕、施肥。寡照常伴随低温、阴雨，容易造成土壤板结、养分流失，需要采取措施及时铲趟中耕和追肥，加快玉米发育生长进程。

人工辅助授粉。玉米花期遭遇阴雨寡照，应及时进行人工授粉，减少秃尖、缺粒等现象。

综合防治病虫害。低温寡照多湿，玉米大斑病、小斑病、玉米锈病和穗粒腐病为害较严重，要及早调查与防治，切实减少灾害损失。

四、阴雨寡照胁迫实例分析

阴雨寡照降低了根干重，影响根系分布。随着处理时间延长，对照和寡照处理根干重呈增长趋势，淹水和淹水寡照处理根干重呈下降趋势。淹水、弱光及复合胁迫均显著降低了玉米根总干重，复合胁迫对根干重影响最大，其次是淹水、寡照胁迫。随着胁迫天数的延长，根干重降幅增大（图4-23）。

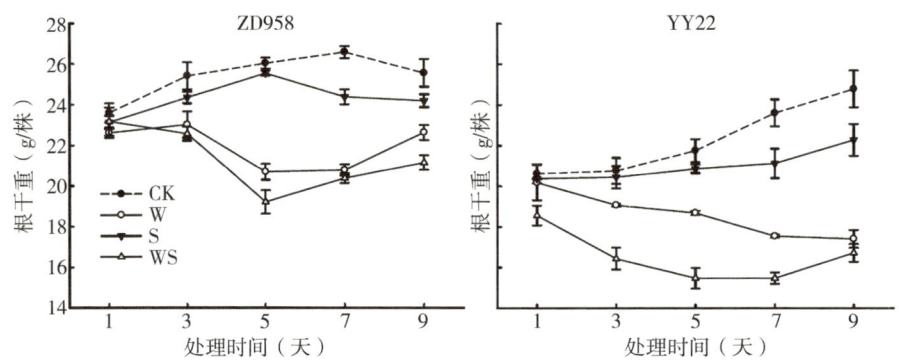

图 4-23 阴雨寡照对不同玉米品种根干重的影响

根长度在复合胁迫下降幅最大,淹水胁迫次之,弱光胁迫影响最小;随着胁迫天数延长各处理根总长度增加(图 4-24)。

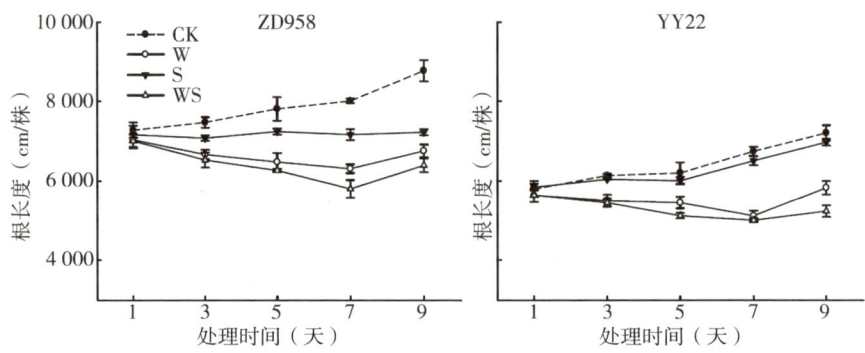

图 4-24 阴雨寡照对不同玉米品种根长度的影响

花期淹水、弱光显著限制了玉米根表面积增加(图 4-25),各胁迫处理对根表面积的影响表现为复合胁迫>淹水胁迫>弱光胁迫。

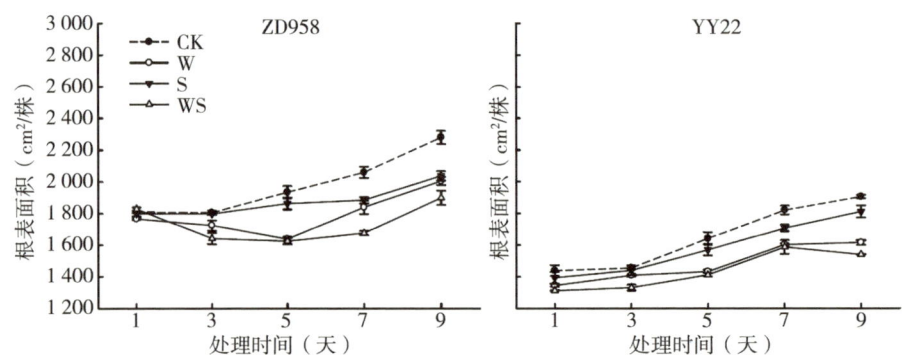

图 4-25 阴雨寡照对不同玉米品种根表面积的影响

淹水和复合胁迫下玉米节根层数量呈增加趋势，是逆境胁迫下的根系的自身调节和反馈性生长（表4-5）。

表4-5 不同处理对玉米节根层数量的影响

品种	处理	节根层数				
		1天	3天	5天	7天	9天
郑单958	CK	6.33±0.27 a	6.00±0.47 a	6.33±0.27 a	6.67±0.27 b	6.67±0.47 b
	W	6.33±0.27 a	7.00±0.47 a	7.33±0.27 a	8.67±0.27 a	8.33±0.27 a
	S	6.00±0.00 a	6.33±0.27 a	6.33±0.47 a	6.67±0.27 b	7.33±0.27 a
	WS	6.67±0.47 a	7.67±0.47 a	7.33±0.27 a	7.33±0.27 b	8.00±0.00 a
豫玉22	CK	6.00±0.47 a	6.33±0.27 a	6.00±0.54 a	6.33±0.00 b	6.67±0.27 b
	W	6.00±0.00 a	6.67±0.27 a	7.00±0.47 a	7.67±0.54 a	7.00±0.47 a
	S	6.33±0.27a	6.67±0.54a	6.33±0.27 a	6.33±0.27b	6.67±0.27b
	WS	6.67±0.27 a	6.67±0.27 a	7.00±0.27 a	7.67±0.27 a	7.67±0.27a

淹水、弱光胁迫显著降低了玉米根系活力。淹水、弱光胁迫由于影响了根系形态结构和生理活性，因此使得玉米产量大幅度下降（图4-26），在处理5天后各处理间差异均达显著水平，且随着处理时间延长，产量降幅增大。

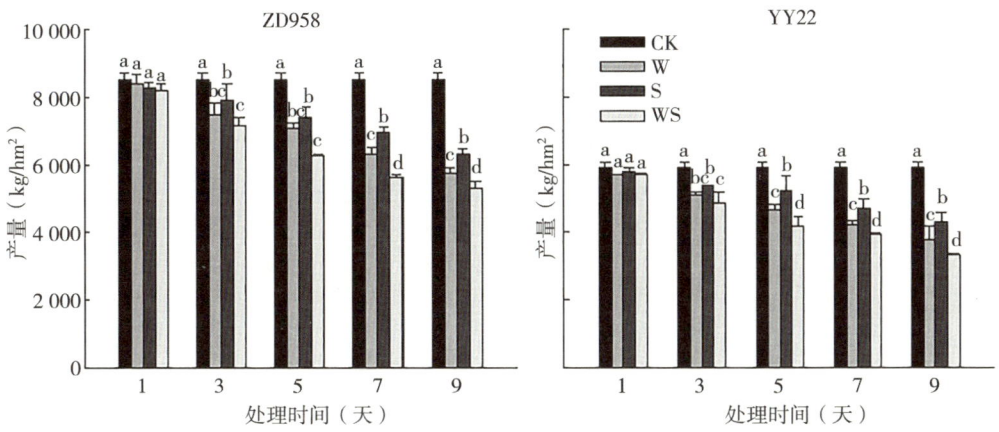

图4-26 淹水弱光胁迫对玉米产量的影响

第五章

玉米密植高产精准调控技术模式

第一节　河南省夏玉米密植高产精准调控技术模式

一、产量指标及主要技术指标

产量结构：亩收获穗数 5 500～6 000 穗，穗粒数 450～500 粒，千粒重 330～350 g，单穗粒重 160～170 g，亩产 850～1 000 kg。

肥水指标：全生育期每亩纯氮（N）15～18 kg，P_2O_5 8～10 kg，K_2O 10～12 kg；包括尿素、硫酸铵、磷酸二铵、硫酸钾或氯化钾、硫酸锌。自然肥总投肥量 60～70 kg，氮磷钾比为 1∶（0.5～0.6）∶（0.6～0.8）。全生育期灌水 5～6 次，亩总灌量 180～200 m³，黏土地块相对灌溉量适当降低，砂土地块适当增加，具体灌溉量应结合降雨灵活调整。

黄淮海夏玉米密植高产精准调控技术模式的主要管理方案如表 5-1、图 5-1 所示。

表 5-1　滴灌密植高产玉米水肥决策

灌溉次序	灌溉时期（播种后天数）	氮（N）（kg/亩）	磷（P_2O_5）（kg/亩）	钾（K_2O）（kg/亩）
1	7～8 展叶（播种后 20～21 天）	3	2.5	4
2	11～12 展叶（播种后 35～40 天）	5	2	2
3	吐丝后 5～10 天（播种后 58～62 天）	4	0	1
4	吐丝后 25～35 天（播种后 70～80 天）	3	0	0
合计		15	4.5	7

第五章 玉米密植高产精准调控技术模式

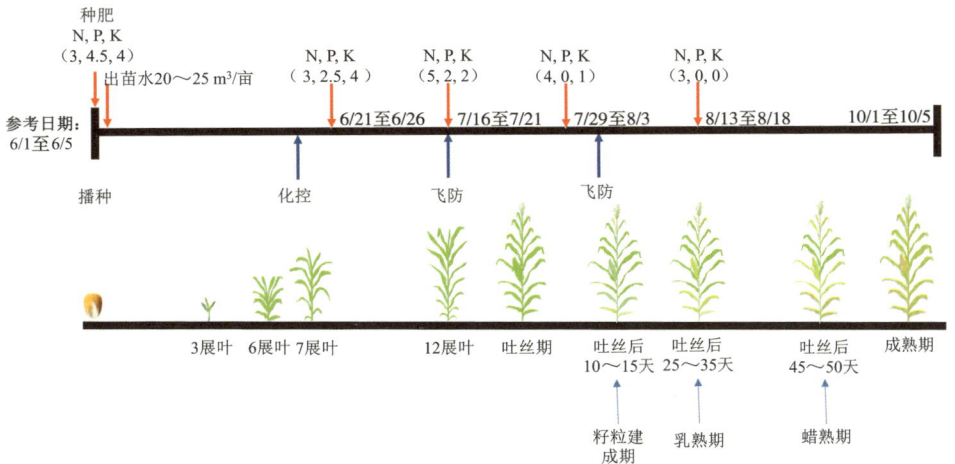

图 5-1 河南省夏玉米密植高产精准调控技术模式作业历（河南漯河）

二、种子准备

品种选择：国家或所在省区审定的适合黄淮海种植的玉米品种。种子质量要求：应选适合单粒点播的精品种子，纯度不低于 98.0%，净度不低于 99%，发芽率不低于 93%，水分含量不高于 13.0%。

三、种植方式

采用浅埋滴灌方式种植，宽窄行配置，行距选用 80 cm + 40 cm 或 70 cm + 40 cm，滴灌带铺设在窄行中。亩理论种植密度 6 000 ~ 6 500 株。

四、土地准备

选地：选择有井、电配套的地块。小麦秸秆量大的田块，播种前要求灭茬。

五、种子处理、适时播种并滴出苗水

主攻目标：适时早播，一播全苗。

种子处理：使用精准包衣的种子。对缺乏有效成分种衣剂包衣效果不好的种子，应选用针对目标病虫害的种衣剂采取二次包衣。二次包衣时，应在播前 7 ~ 10 天包衣晾干、装袋，防治地下害虫、土传病害和苗期病虫害，提高种子的发芽率，确保苗齐、苗壮。

播种：适时早播能延长生长期，增加干物质积累，利于穗大籽饱，保证成熟。

播种量和播深：精量点播每亩 2.5～3 kg（或 6 000～6 500 粒），播种深度 4～5 cm，镇压紧实。

播种时每亩地施用纯氮（N）3 kg，P_2O_5 4.5 kg，K_2O 4 kg，施入种子侧下方 10 cm 深，覆盖严密。

播种质量：采取导航播种，做到播行笔直、下籽均匀、接行准确、播深适宜、镇压紧实、到头到边。选用高质量的精量播种机，作业速度不超过 8 km/h。播种机应加装铺设滴灌带装置，具有滴灌带浅埋功能，播种、施种肥和铺设滴灌带一次作业全部完成。滴灌带浅埋深度不应超过 5 cm，但也不应少于 3 cm。

滴水出苗：播种前测试并保证滴灌管网正常，及时安装节水设备，坚持做到边播种边装管，播完一块安装一块滴水一块。采用干播湿出技术，检查滴管并确定其正常运行，使灌溉均匀一致，保证出苗的均匀一致性，每亩滴水 10～30 m^3（滴水量根据天气、土壤墒情适当调整），确保出苗率达到 95% 以上。

六、苗期管理

主攻目标：苗全、苗匀、苗壮、根多、根深。

此阶段玉米地上部分生长缓慢，生长中心是根系，各项措施要为保苗、促根、促壮苗服务。

蹲苗：蹲苗应掌握"蹲黑不蹲黄，蹲肥不蹲瘦，蹲湿不蹲干"的原则。

防虫：苗期虫害主要通过种衣剂进行精准包衣或二次包衣予以防治，地老虎、金针虫严重发生的地块，用 90% 的晶体敌百虫 0.5 kg 加水喷在 50 kg 左右炒香的麦麸或油渣等饵料中，傍晚撒施在玉米幼苗旁边，亩用量 3～4 kg。

杂草防除：在 4～6 片展叶时进行化学除草。

七、拔节至吐丝阶段（孕穗期）管理

主攻目标：促进玉米迅速生长发育，争取秆壮、穗大、粒多。

拔节期雄穗生长锥开始伸长，植株进入快速增长期；大喇叭口期进入雌穗小穗分化，茎叶生长达到高峰，是水肥管理关键时期，也是促进穗多、穗大、粒多的关键时期。

水肥管理：拔节至吐丝期滴水施肥 2 次，第一次在 7～8 展叶期，第二次在 11～12 展叶期，施肥量见表 5-1。如果当时土壤墒情和雨水较好，滴水量

8～10 m³/亩，每个轮灌组先滴清水 1 h，然后滴肥，大约 2 h 即可施完肥，然后再滴清水 1 h 即可；如遇干旱，滴水量 20～30 m³/亩，尤其是抽雄吐丝期以及吐丝后 15～20 天。如遇高温，也可滴水 10～15 m³/亩起降温作用。

化学调控：6～7 片展叶期，每亩叶面均匀喷施羟烯乙烯利、玉黄金或吨田宝等玉米专用生长调节剂，具体用量参照使用说明书。要求在无风无雨的 10:00 前或 16:00 后喷施，力求喷施均匀，不要重复喷施，也不要漏喷。

病虫防治：玉米螟防治，在大喇叭口期（12 展叶），亩用 20% 氯虫苯甲酰胺悬浮剂（康宽）10 mL，兑水 30～40 kg 喷雾；或机械可以进地的情况下，应及早进行机械防治；生物杀虫剂如苏云金杆菌（Bt）和白僵菌等，对玉米螟和黏虫等害虫也有很好的防治效果。在大喇叭口期至抽雄前，用 5% 菌毒清水剂 600 倍液和 75% 百菌清可湿性粉剂兑水 800 倍液喷雾预防茎腐病和穗粒腐病。

八、吐丝至灌浆成熟阶段（花粒期）管理

主攻目标：防早衰，促灌浆，争取粒多粒重。

滴水滴肥：抽雄至灌浆成熟期滴水施肥 2 次，分别在吐丝后 5～8 天和 25～35 天，施肥量见表 5-1，灌溉量根据土壤墒情及降雨情况进行调整。

九、收获、脱粒、贮藏

收获：当苞叶发黄，籽粒变硬，籽粒基部出现黑层时并呈现出品种固有的颜色和光泽时为成熟，当籽粒含水率降到 25% 以下时可进行机械粒收。

烘干入库：收获的籽粒及时烘干入库。一般玉米籽粒含水量在 14% 以下可安全贮藏。

贮藏：贮藏在干燥通风的地方，并经常检查，防止鼠害和霉坏变质。

第二节　经济效益分析

玉米密植高产精准调控技术模式在黄淮海各地示范推广取得了显著的增产效果，形成了玉米生产的"漯河模式"（图 5-2）。2022 年，研究团队系统调查了滴灌密植和漫灌稀植的生产环节成本及籽粒产量，进行了经济效益分析，为玉米种植者提供参考（表 5-2）。

玉米密植高产精准调控技术（河南省夏玉米区）

图 5-2 玉米密植高产精准调控技术"漯河模式"

调查数据表明，滴灌密植模式的平均产量较漫灌稀植高 257 kg/亩；在近两年肥料价格上涨的情势下，滴灌密植模式的生产环节总投入较漫灌稀植低 50 元/亩，生产环节投入受规模化、用种量、收割方式、灌溉方式、肥料施用方式和施用量等多因素影响。在玉米市场价格为 2.6 元/亩时，滴灌密植模式产量为 782.6 kg/亩时，净收入达到 860.3 元/亩，较漫灌稀植（142.3 元/亩）提高了 718 元/亩，滴灌密植模式的成本产值率达到 1.73 元/元。玉米密植高产精准调控技术模式在提高产量的同时生产投入有所降低而提高了经济效益，产量和经济效益达到了协同提高，达到了增产增收的生产目的。

表 5-2 黄淮海夏玉米密植高产精准调控技术模式与传统农户生产模式生产环节成本分析

单位：元/亩

项目		滴灌密植	漫灌稀植
机械作业费	播种	35	30
	苗后除草	7	0
	化控	5	0
	病虫害防治	5	7
		5	0
	收割拉运费	80	80
	脱粒费	0	25
	小计	137	142
种子		65	50
肥料	底肥（掺混肥）	122	200
	追肥（尿素）	64	80
	小计	251	330
灌溉	滴灌设备	60	0
	水电费	10	30
	小计	70	30

续表

项目		滴灌密植	漫灌稀植
农药	化学除草	15	15
	病虫害防治	12	6
	化学调控	3	0
保险		6.5	0
雇工劳务	辅助播种	15	15
	辅助灌溉施肥	10	30
	辅助收获	5	6.5
	小计	66.5	72.5
合计		524.5	574.5
土地费（元/亩）		650	650
经营总费用（元/亩）		1 174.5	1 224.5
玉米单产（kg/亩）		782.6	525.7
玉米单价（元/kg）		2.6	2.6
总产值（元/亩）		2 034.8	1 366.8
净收入（元/亩）		860.3	142.3
成本产值率（元/元）		1.73	1.12

附 录

附录1　玉米生长发育过程图解

一、玉米的生育期

从播种到新的籽粒成熟为玉米的一生。一般将玉米从播种到成熟所经历的天数称为全生育期，从出苗至成熟所经历的天数称为生育期，某一品种整个生育期间所需要的积温基本稳定，温度较高条件下生育期会适当缩短，较低温度条件下生育期会适当延长。

二、玉米的生育时期

玉米一生中，外部形态特征和内部生理及代谢均会发生阶段性变化，这些阶段称为生育时期。当50%以上植株表现出某一生育时期特征时，标志全田进入该生育时期（表1）。

表1　玉米各生育时期特征

播种	出苗期	3叶期	拔节期
	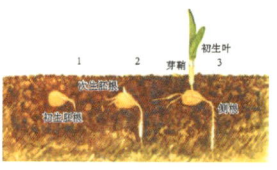		
播种当天的日期（土壤墒情差时以滴水或降透雨之日为准）	第一片叶开始展开或幼苗出土高约2 cm的日期	第三片叶露出叶心2～3 cm，是玉米离乳期	植株近地面手摸可感到有茎节，茎节总长2～3 cm，一般处于6～8叶展开期

续表

小喇叭口期	大喇叭口期	抽雄散粉期	吐丝期

雌穗生长锥进入伸长期，雄穗进入小花分化期，一般处于8～10叶展开期	雌穗开始小花分化，雄穗分化进入四分体期，棒三叶甩出但未展开，侧面形状似喇叭，一般处于11～13叶展开期	植株雄穗尖端露出顶叶3～5 cm。一般抽雄后2～3天，花药开始散花粉	雌穗的花丝从苞叶中伸出2 cm左右

籽粒建成期	乳熟期	蜡熟期	完熟期

自受精起12～17天，籽粒呈胶囊状、圆形，胚乳呈清浆状	籽粒开始快速积累同化产物，在吐丝后15～35天，胚乳呈乳状后至糊状	籽粒开始变硬，吐丝后35～50天，胚乳呈蜡状，用指甲可划破	果穗苞叶枯黄松散，籽粒干硬，基部出现黑色层，乳线消失，并呈现出品种固有的颜色和色泽。在吐丝后45～65天

注：从受精后籽粒开始发育至成熟，统称为灌浆期。整个灌浆过程又可分为4个阶段。

三、玉米植株

（一）玉米幼苗

玉米幼苗的主要结构见图1。

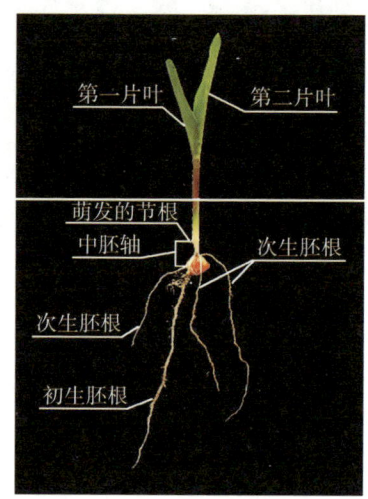

图1　玉米幼苗

（二）玉米植株

玉米植株见图2。

图2　玉米植株

1. 基本概念

可见叶：拔节前心叶露出 2 cm，拔节后露出 5 cm 时为该叶的可见期。新的可见叶与其以下叶数相加，即为可见叶数。

展开叶：上一叶的叶环从前一展开叶的叶鞘中露出，两叶的叶环平齐时为上一叶的展开期。新展开叶与其以下已展开叶数相加，即为展开叶数。

植株高度：抽雄前测量植株自然高度，抽雄后测量从地面至植株雄穗顶部的高度。

穗位高度：测量从地面至最上部果穗着生节位的高度。

2. 果穗性状

玉米果穗中部的籽粒行数为穗行数（图3）；玉米果穗中等长度行的籽粒数为行粒数（图4）。

图3　穗行数

注：图例为16行。

图4　行粒数

注：图例为43粒。

附录2　玉米缺素及诊断

玉米的生长发育需要氮、磷、钾、钙、镁、硫、铁、锰、铜、锌、硼、钼等矿质元素和碳、氢、氧3种非矿质元素。其中，氮、磷、钾3种元素，玉米需求最多，是大量元素；钙、镁、硫3种元素，玉米需求次之，是中量元素；铁、锰、铜、锌、硼、钼等元素，需求量很少，是微量元素。缺少任何元素都会产生缺素症状并影响玉米生长发育和产量形成，在生产中可根据缺素症状及时补肥（表1）。

表1　玉米缺素症状

缺素类型	不同时期或不同部位典型症状
氮	植株生长缓慢，株型矮小；叶色褪淡，叶片从叶尖开始变黄，沿叶片中脉发展，呈现"V"形黄化；上部叶片黄绿、下部由黄变枯。中下部茎秆常带有红色或紫红色；缺氮严重或关键期缺氮，果穗变小，顶部籽粒不充实，成熟提早，产量和品质下降

续表

缺素类型	不同时期或不同部位典型症状
磷	  缺磷症状在苗期最为明显，缺磷时，植株生长缓慢，瘦弱，茎基部、叶鞘甚至全株呈现紫红色，严重时叶尖枯死呈褐色；根系不发达，抽雄吐丝延迟，雌穗授粉受阻，结实不良，果穗弯曲、秃尖，粒重低，籽粒品质差
钾	  玉米缺钾症状多发生在生育中后期，表现为中下部老叶叶尖及叶缘呈黄色或似火红焦枯，并褪绿坏死；节间缩短，茎秆细弱，易倒伏；成熟期推迟，果穗小，顶部发育不良，籽粒不饱满，产量锐减；籽粒淀粉含量低，皮多质劣
硫	 新叶失绿黄化，脉间组织失绿更为严重，随后叶缘逐渐变为淡红色至浅红色，同时茎基部也出现紫红色，老叶仍保持绿色，植株生长受抑，矮小细弱

续表

缺素类型	不同时期或不同部位典型症状
锌	   玉米对缺锌比较敏感，出苗后1～2周即可出现缺锌症状，称为白化苗。有时叶缘、叶鞘呈褐色或红色。同时，节间明显缩短，植株严重矮化；抽雄、吐丝延迟，甚至不能正常吐丝，果穗发育不良，缺粒严重
钙	  植株生长不良，心叶不能伸展，有的叶尖黏合在一起呈梯状，叶尖黄化枯死；新展开的功能叶叶尖及叶片前端叶缘焦枯，并出现不规则的齿状缺裂；新根少，根系短，呈黄褐色，缺乏生机
锰	  缺锰叶绿素含量降低。幼叶脉间组织慢慢变黄，形成黄绿相间条纹，叶片弯曲下披。较基部叶片上出现灰绿色斑点或条纹

续表

缺素类型	不同时期或不同部位典型症状
硼	 嫩叶叶脉间出现不规则白色斑点，各斑点可融合呈白色条纹，严重的节间伸长受抑或不能抽雄或吐丝。当硼不足时会导致玉米穗畸形或发育不全，开花时遇大旱或大雨，可能因硼不足而使果穗发育不全，降低产量
镁	 缺镁症状一般出现在拔节以后。幼叶上部叶片发黄，下位叶前端脉间失绿，并逐渐向叶基部发展，失绿组织黄色加深，叶脉保持绿色，呈黄绿相间的条纹，有时局部也会出现念珠状绿斑，叶尖及前端叶缘呈现紫红色，严重时叶尖干枯，脉间失绿部位出现褐色斑点或条斑，植株矮化

附录3 滴灌系统使用的相关问题

一、水泵的选择

水泵有3个参数，扬程（m）、流量（m³/h）、功率（kW）。按轮灌组大小，确定轮灌组一次灌溉的用水量来选择相应流量的水泵。同时也要考虑扬程，根据滴灌系统要求的工作压力，加上输水管道整个过程的水头损失（压力损失），再加上局部管道转换产生的压力损失，即水沿管道流动时与管道壁产生摩擦，从而使水压降低，这部分压力损失称为输水管沿程水头损失。水流经过过滤器、接头、变径、弯头、阀门、施肥器等均会降低水压力，这部分称为局部水头损失，一般局部水头损失按沿程水头损失的15%计算。

水泵的扬程=［滴灌管入水口压力+沿程水头损失+局部水头损失+吸程（水泵与水源之间的高差）］× 系数1.1

沿程水头损失可以根据国际《给水用硬聚氯乙烯（PVC-U）管材》（GB/T 10002.1—2006）中的PVC-U塑料管道沿程损失表查询获得（表1）。

举例说明水泵的选择方法。如轮灌区为10亩，采用管壁直径为63 mm的输水管道，长度为200 m，63 mm的流量在11～16，取平均，选13，查询表1得知，该输水管道沿程水头损失为3.412 6 m/100 m，200 m长的管道，沿程水头损失为2×3.41=6.82 m；局部水头损失按沿程损失的15%计算，局部水头损失=6.82×0.15=1.02 m，吸程按3 m计，该水泵的扬程=12 m+6.82 m+1.02 m+3 m=22.84 m。选择流量为12～13 m³、扬程为22～23 m的水泵。

表1 国标UPVC给水塑料管道沿程水头损失（GB/T 10002.1—2006）

1.0 MPa	公称外径40 壁厚2		公称外径50 壁厚2.4		公称外径63 壁厚3		公称外径75 壁厚3.6	
流量（m³/h）	流速（m/s）	损失（m/100 m）	流速（m/s）	损失（m/100 m）	流速（m/s）	损失（m/100 m）	流速（m/s）	损失（m/100 m）
1	0.272 9	0.276 8	0.173 1	0.091 4	0.108 9	0.029 5	0.076 9	0.012 7
1.5	0.409 3	0.586 6	0.259 7	0.193 6	0.163 3	0.062 5	0.115 4	0.026 9
2	0.545 8	0.999 3	0.346 2	0.329 6	0.217 7	0.106 6	0.153 9	0.045 8
2.5	0.682 2	1.510 8	0.432 8	0.498 6	0.272 1	0.161 1	0.192 3	0.069 2
3	0.818 7	2.117 6	0.519 3	0.698 9	0.326 6	0.225 8	0.230 8	0.097 0

续表

1.0 MPa	公称外径 40 壁厚 2		公称外径 50 壁厚 2.4		公称外径 63 壁厚 3		公称外径 75 壁厚 3.6	
流量 (m^3/h)	流速 (m/s)	损失 (m/100 m)	流速 (m/s)	损失 (m/100 m)	流速 (m/s)	损失 (m/100 m)	流速 (m/s)	损失 (m/100 m)
3.5	0.955 1	2.817 2	0.605 9	0.929 8	0.361 0	0.300 4	0.269 3	0.129 0
4	1.091 6	3.607 6	0.692 5	1.190 7	0.435 4	0.384 7	0.307 8	0.165 2
4.5	1.228 0	4.487 0	0.779 0	1.480 9	0.489 9	0.478 5	0.346 2	0.205 5
5	1.364 5	5.453 8	0.865 6	1.800 0	0.544 3	0.581 5	0.384 7	0.249 8
5.5	1.500 9	6.506 7	0.952 1	2.147 5	0.598 7	0.693 8	0.423 2	0.298 0
6	1.637 4	7.644 4	1.038 7	2.523 0	0.653 1	0.815 1	0.461 6	0.350 1
6.5	1.773 8	8.865 9	1.125 3	2.926 1	0.707 6	0.945 4	0.500 1	0.406 0
7	1.910 3	10.170 2	1.211 8	3.356 6	0.762 0	1.084 5	0.538 6	0.465 8
7.5	2.046 7	11.556 4	1.298 3	3.814 1	0.816 4	1.232 3	0.577 0	0.529 2
8	2.183 2	13.023 8	1.384 9	4.298 3	0.870 9	1.388 7	0.615 5	0.596 4
8.5	2.319 6	14.571 1	1.471 5	4.809 1	0.925 0	1.553 7	0.654 0	0.667 3
9	2.456 1	16.198 1	1.558 0	503 461	0.979 7	1.727 2	0.692 5	0.741 8
9.5	2.592 5	17.904 1	1.644 6	5.909 1	1.034 1	1.909 1	0.730 9	0.819 9
10			1.731 1	6.498 0	1.088 6	2.099 4	0.769 4	0.901 6
11			1.904 2	7.752 4	1.197 4	2.504 7	0.846 3	1.075 7
12			2.077 4	9.108 0	1.306 3	2.942 6	0.923 3	1.263 8
13			2.025 1	10.563 3	1.415 1	3.412 6	1.000 2	1.465 8
14			2.423 6	12.117 3	1.524 0	3.914 9	1.077 1	1.681 4
15			2.596 7	13.768 9	1.632 9	4.448 5	1.154 1	1.910 6
16					1.741 7	5.013 3	1.231 0	2.153 1

二、滴灌系统需安装进排气阀和水表

进排气阀的主要作用是用于启动滴灌系统的水泵时排除管道内的空气，以及停泵时与大气接通，消除管道内负压影响。一般安装在系统的最高位置或轮灌组的开关阀门后。如果不装进排气阀，停泵时会因管道内负压造成滴头吸进泥沙堵塞毛管。

水表是水泵和管道压力的测量设备，用于了解水泵工作是否正常，滴灌系统是否处于正常的工作压力范围，也可了解过滤器是否堵塞（在过滤器前后各安装一个），还可以了解田间是否存在漏水等。

滴灌系统工作压力不够的可能原因包括：水泵的功率不够；过滤器堵塞；轮灌组设置过大，出水流量过大；田间有跑冒滴漏情况；电压不够，水泵转速达不到额定转速。

三、过滤器的选择与使用

常用的过滤器有以下 4 种。

砂石分离器。工作原理是由高速旋转的水流产生的离心力，将砂粒和其他较重的杂质从水体中分离出来。这种过滤器保养维护方便，底部的积砂室应经常清洗，一般用于井水、河水的初级过滤。

砂石过滤器。属于介质过滤器，为所有过滤器中过滤有机和无机杂质最有效的类型，这种过滤器滤出和存留杂质的能力很强，并可不间断供水。只要水中有机物含量超过 10 mg/L 时，无论无机物含量有多少，均可选用砂石过滤器。优点是过滤能力强，适用范围很广；不足是占的空间比较大、造价较高。它主要用于河水、湖水、水塘水过滤。

网式过滤器。这种过滤器处理水中的无机杂质最有效，当水流穿过滤网时，大于滤网目数的杂质将被拦截下来，随着滤网上黏附的杂质不断增多，滤网前、后的压差也越来越大，如果压差过大，网孔受压扩张将使一些杂质"挤"过滤网进入灌溉系统，甚至致使滤网破裂，因此必须采取适当的管理措施，如经常清洗，确保滤网前、后的压差保持在允许范围内。网式过滤器一般用于第二级或第三级过滤（常与砂石分离器或砂石过滤器配合使用）。

叠片式过滤器。这种过滤器是由大量的很薄的圆形叠片重叠起来，并锁紧形成一个圆柱形滤芯，每个圆形叠片有两个面，一面分布着许多"S"形滤槽，另一面为大量的同心环形滤槽。一般也是用于第二级或第三级过滤（即与砂石分离器或砂石过滤器配套使用）。

一般情况下，滴灌系统要求 120～150 目过滤。

四、输水管道的选择

输水管道包括主（干）管道、支管道，负责从水泵出来的水通过输水主（干）管道输送到支管，通过支管上连接的毛管（滴灌带）滴灌田间作物根区，这些主（干）管道称为主管，常用材质有聚氯乙烯（PVC）、聚乙烯（PE）两种硬质管道和涂塑软管（图 1）等。

输水管道布设好后需要进行压力检测，承压需达到 0.4 MPa，具体方法是关上单井控制的所有支管阀门，出水压力达到 0.4 MPa 时打开最末端的支管阀门，如果支管正常出水，说明管道压力满足要求。地埋的主（干）管应选择PE、PVC等硬质管材，地上干管应采用涂塑软管，其承受压力根据系统所需头水的大小确定。地面支管选择PE材料的软管。管径有32 mm、40 mm、50 mm、63 mm、75 mm、90 mm和110 mm等，壁厚与承压有关，如0.63 MPa、0.8 MPa、1.0 MPa、1.25 MPa、1.6 MPa和2.5 MPa等。

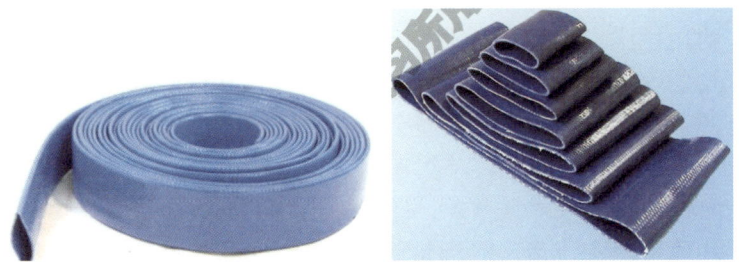

图1　涂塑软管

输水管道的选择：是根据每个轮灌区的总流量及入口工作压力进行选择。在经济流速情况下（1.0～1.5 m/s），不同管径PVC管的流量见表2。

表2　不同管径PVC管的流量

管径（mm）	流量（m³/h）	管径（mm）	流量（m³/h）	管径（mm）	流量（m³/h）
32	3～4	40	5～7	50	7～11
63	11～16	75	16～25	90	25～35
110	35～50	125	40～70	160	55～85

五、滴灌带的选择与使用

滴灌带的规格参数包括：外径，如外径为16 mm；壁厚，如0.3 mm；滴孔间距，如30 cm；流量，如2～3 L/h；工作压力，如50～100 kPa。玉米生产中常用的滴灌带主要有单翼迷宫式滴灌带和内镶式滴灌带（图2），两种滴灌带的优缺点如下。

 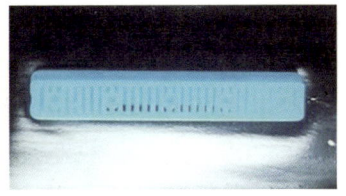

图2　单翼迷宫式滴灌带（左）和内镶式滴灌带（右）结构

单翼迷宫式滴灌带：迷宫流道、滴孔、管道一次真空整体热压成型、黏合性好，制造精度高，成本低。迷宫流道设计，紊流态多口出水，有一定的抗堵塞能力。滴头、管道整体性强，出水均匀。重量轻，搬运、铺设、回收方便，便于机械化铺设作业。其不足之处是耐用性差、滴头易结垢和堵塞，因此应对水源进行严格的过滤处理。

内镶式滴灌带：也叫内镶贴片式滴灌带。采用迷宫式流道，具有一定的压力补偿作用，耐用性强，寿命长。滴头自带过滤窗，呈紊流状态，抗堵塞性能好。灌水均匀，均匀度可达85%以上，铺设长度可达80 m。滴头出水口向上，通水后水中含有的杂质比重大于水，杂质会沉在滴灌带底部，便于杂质清洗，不会造成滴头堵塞。不足之处是成本较单翼迷宫式滴灌带稍高。

选择滴灌带时除了考虑类型外，还应确定以下参数。

第一，滴灌带滴头流量。滴灌带滴头流量为0.6～12 L/h，每年厂家会生产不同流量的滴灌带，一般有1.0 L/h、1.38 L/h、2.0 L/h、2.3 L/h、2.7 L/h、3.0 L/h、3.8 L/h和4.0 L/h等（在工作压力下测得的流量），应根据土壤条件、作物类型、行距配置、轮灌组大小及灌溉时间等综合分析后确定。滴头流量可通过工作压力下，一定时间内接滴头的水，用量杯称量来检验滴头流量是否达标，也可用来检验滴灌带相距支管不同距离滴头滴水量的差异。

选择滴头流量的原则：滴灌是使润湿的土壤呈一条线，因此，滴头流量必须小于土壤的入渗速度，以不造成土壤表面积水为宜。

第二，滴头间距，滴灌带上相邻两个滴头的间距，有15 cm、20 cm、25 cm、30 cm、35 cm、40 cm、50 cm和60 cm等多种。滴头间距越小，贴片式滴灌带生产成本越高，同时，滴灌带铺设长度也越短，这样会增加支管的用量。滴头间距大小选择的原则是在滴灌时两个间距间不能积水。间距选择应综合考虑土壤质地和滴头流量。

第三，土壤质地，滴灌时，不同土质水分在土壤中的分布有显著差异，黏土湿润比较宽，但分布比较浅，砂土湿润宽度较窄，但分布较深，壤土介于这两者间。当滴头流量相同时，砂土土质的滴头间距应小于壤土和黏土，一般砂土可选25～30 cm的间距，壤土可选35～45 cm的间距，黏土可选50～60 cm甚至更宽间距的滴灌带。当土壤质地一致时，滴头流量越小，水分在土壤中的横向扩散范围越宽，所选滴头间距应越大；反之，流量越大，水分的横向扩散宽度越小，所选滴头间距应越小。灌溉深度可通过延长灌溉时间来实现，在满足玉米需水前提下，应尽量选择滴头流量小的滴灌带。

第四，滴灌带壁厚，一般小于0.6 mm，有0.15 mm、0.2 mm、0.25 mm、0.3 mm、0.4 mm、0.45 mm、0.5 mm和0.6 mm等多种类型；壁厚大于0.6 mm的叫滴灌管，如0.8 mm、0.9 mm、1.0 mm和1.1 mm等，壁越厚，承压越高、越

耐用，但成本也越高。

六、滴灌带铺设长度的确定

确定滴灌带铺设长度，应以保证滴灌带所有滴头出水均匀度不低于90%为依据，因此，影响滴头滴水均匀度的因素均影响滴灌带铺设长度。滴灌带铺设长度一是与管道内工作压力有关，工作压力越大，铺设的长度越长；二是与滴头流量有关，滴头流量越大，铺设长度越短；三是与滴头间距有关，滴头间距越大，铺设长度也越长；四是与管径大小有关，管径越大，铺设长度越长。

平整地块滴灌带铺设长度参考见表3，当管道工作压力为12 MPa水压，滴灌带规格为壁管外径12 mm，滴头流量3.0 L/h，滴头间距30 cm时，滴灌带铺设最长长度为46 m。

表3 在平整地块滴灌带铺设长度参考（管道内工作压力为12 m水压）

滴头流量 （L/h）	管壁外径 （mm）	管壁内径 （mm）	滴头间距（cm）				
			15	20	30	40	50
2.1	12	10.4	31	42	64	74	80
2.2	12	10.4	30	40	61	76	91
2.9	12	10.4	24	31	48	63	79
3.0	12	10.4	23	30	46	61	76
1.6	16	13.8	60	70	106	121	151
1.8	16	13.8	53	70	91	121	151
2.0	16	13.8	54	68	95	117	139
2.1	16	13.8	52	66	91	113	134
2.2	16	13.8	49	62	86	107	127
3.8	16	13.8	37	46	64	81	100
3.9	16	13.8	34	43	61	80	96
4.1	16	13.8	33	42	61	75	89

七、轮灌组灌溉水量及时长的计算

首先要确定滴灌带滴头流量、间距、作物的行距、轮灌区面积（一次灌溉的面积），然后计算一次一小时灌溉的水量。

例如，60 cm的等行距种植，滴灌带间距也是60 cm，采用的滴头流量为3.0 L/h，滴头间距为30 cm，轮灌区面积为10亩，计算轮灌区总流量的步骤：首先，计算轮灌区滴灌带总长度，10（亩）×666.7（m²/亩）÷0.6（间距60 cm）=

11 111.7 m；其次，计算滴头总数，11 111.7（总长度 11 111.7 m）÷0.3（滴头间距 0.3 m）=37 039 个；最后，计算轮灌区 1 h 总的流量，37 039 个 ×3 L/h（滴头流量）÷1 000 L/m³=111.12 m³/h。如果确定的灌溉量为每亩 40 m³ 水，那么 10 亩地灌溉量应为 400 m³，一个轮灌组灌溉时长为 400 m³÷111.12 m³/h =3.6 h。

八、滴灌是否均匀的简单检测方法

在滴灌带开始滴水后，在滴灌带的头部、中间和尾部各选一个滴头分别用水杯或容器计时接收这 3 个滴头的水，如按 3～5 min，测量这 3 个不同部位滴头的水量是否一致就能简单判断滴水是否均匀一致，同一轮灌组内，不同滴灌带之间也可用此法来进行简单检测。要求不同位置滴头水量相差不超过 10%。

在灌溉过程中当田间滴灌系统存在漏水时，会造成流量加大，压力降低，这时的水泵会处于不正常的工作状态，造成过载，使电机发热。

对于灌溉不均匀性问题的解决方法，一方面是选用质量好的输水管道、过滤装置和滴灌带，并进行系统的合理设计与安装，设置大小合适的轮灌区，让滴灌系统在正常工作压力下运行；另一方面为保证水压的正常，安装电控箱是重要的措施之一，电控箱可以防止过载、缺相、电压低等问题，保证灌溉均匀性。在丘陵等地势不平地块，需要采用压力补偿滴灌设计。

九、滴灌系统的施肥方式及因肥料堵塞滴灌带的简单处理方法

滴灌系统的施肥方式主要有：泵吸肥法、泵注肥法和比例施肥法。

生产上常用的为压差式施肥罐，即泵吸肥法为主，有以下优点：①施肥速度和浓度均匀，肥料浓度容易控制，前后一致；②劳动效率高，操作方便，施肥看得见；③可提前蓄水升温，能够克服井水温度低对肥料溶解度的影响；④设施紧固耐用，造价低；⑤适宜于井灌区和有压水源使用。

比例施肥法需要用施肥泵，常用的有柱赛泵吸肥器，更高级的是施肥机，可以把不同类型肥料（装在不同容器内）按不同用量同时进行施肥。

研究表明，当滴灌带浅埋 5 cm 时，在滴施尿素时，可降低 90% 的铵态氮挥发。为保证滴水和滴肥均匀性，地埋滴灌管用贴片式效果较好，因为地埋滴灌带要求工作压力必须在 10 MPa 以上，而且流量不大于 1.6 L/h，最好 1 L/h，这种配置与蒸发没有关系，主要与滴灌管铺设长度有关。

当滴灌带滴头因有肥料等化学成分造成堵塞时，如果是 pH 值高的地区造成的碳酸氢钙堵塞，可以滴施磷酸脲解决，磷酸脲 pH 值为 1.5，且可以当作氮肥和磷肥用，如用 0.6% 的磷酸清洗滴灌带会有危险，所以滴施磷酸脲是一种比较好的解决滴灌带堵塞的方法。

十、单次最大灌溉量和灌溉时长的计算方法

以砂壤土为例，玉米根层深度集中在 0～30 cm 深，灌溉深度按 30 cm 计，该土壤容重为 1.35 g/cm³，田间持水量为 22%，萎蔫系数为 8%，则灌溉 1 亩单次最大灌溉量的计算步骤如下。

总土壤体积：666.7 m²×10 000×30 cm=200 010 000 cm³；

总土壤重量：200 010 000 cm³×1.35 g/cm³=270 013 500 g=270 t；

理论灌溉量：270×（22%-8%）=37.8 m³；

实际灌溉量：因滴灌为局部灌溉，去除不灌溉的地方，即湿润与非湿润之比，如湿润比为 40%，则实际灌溉量为 37.8 m³×40%=15.12 m³。

如果遇到降雨，1 mm 的水量相当于 0.67 m³/亩的灌溉量，如果降水量为 10 mm，相当于每亩地灌溉 6.7 m³ 的水量。

十一、滴灌日常使用时应注意的事项

第一，通常滴头朝上，避免负压将土吸进滴灌管中。

第二，定期放出和清洗管道尾端的泥沙。

第三，经常检查系统的工作压力。

第四，检查出水均匀度和施肥均匀度。

第五，检测灌溉用水的 pH 值和水的硬度。

第六，滴肥前先滴清水冲洗滴灌带并湿润土壤，然后开始滴肥，滴肥结束后，应滴清水清洗管道。

十二、使用滴灌系统最重要的理念

先进的灌溉施肥设备，落后的管理不能发挥其效能和效益；落后的灌溉施肥设备，先进的管理也不能发挥其效能和效益；只有先进的灌溉施肥设备，配合先进的管理才能发挥其最大效能和效益。

十三、滴灌带的回收

在玉米收获后，可用机械辅助进行滴灌带的回收（图 3）。

图 3　机械回收滴灌带

附录4　玉米密植精准调控技术配套机具应用指引

一、种床构建

黄淮海夏玉米在前茬小麦收获后直接免耕播种，一般不需要秸秆处理或整地，秸秆量过大的地块需要进行灭茬处理。

二、导航精密播种

机播质量直接影响作物出苗质量，直接关系作物单产水平。加装北斗导航辅助驾驶系统，提高播种直线度和调头对行衔接性，提高作业精准度和前后环节作业匹配度，有利于通风透光，降低机械作业植株和果穗损失、百亩增加3～4亩行数、增产5%～10%。

（一）机具选用

播种应选用具有北斗导航功能并带有作业监测终端的高性能精量铺滴灌带播种机，一次完成破茬开沟、播种、施肥、覆土、镇压、铺设滴灌带作业。高性能精量播种机一般应配置指夹式或气力式排种器，实现高速播种；应配置单体独立同步仿形机构，实现播种深度均匀一致，提高出苗整齐度；应配置"V"形或单体轮式苗带镇压机构，确保种子与土壤紧密结合。播种机宜加装种子漏播等播种作业异常报警、质量监测设备，以便机手实时掌握排种器工作状态，避免缺种、漏播等。

黄淮海地区，玉米在前茬小麦秸秆全量覆盖的情况下免耕播种，选用4行以上指夹式或气力式高性能悬挂式免耕播种机，作业通过性强、作业速度高、无堵塞、播种质量好、能同时深施化肥。

（二）调试与试播

播种正式作业前应按要求正确调试播种机，并进行试播，确认调试到位，播种量、施肥量、播深、肥深、行距、镇压力、滴灌带长度等应符合农艺要求。

1. 机具调试

（1）行距调整

一般优选宽窄行种植模式，实现一条滴灌带浇灌两行玉米，节省成本。需要配备行距可调的播种机，根据土壤质地情况，沙性大的田块可配置30 cm+80 cm宽窄行模式，一般田块可配置40 cm+70 cm或40 cm+80 cm宽窄行模式。滴灌带铺设于窄行内，一条滴灌带浇灌两行玉米。不可调行距播种机械，行距超过 50 cm 应单行配滴管带。

（2）株距调整

一般通过调节播种机传动装置实现株距调节。传动装置调整时，采用地轮传动方式的播种机主要调整塔轮齿数比，通过改变传动速比实现播种株距的调整；电驱播种机主要调节电驱控制器，在控制器中找出株距调整选项，输入所需要的株距即可实现株距的调整。黄淮海夏玉米种植密度推荐 5000～6500 株/亩，具体亩株数因品种耐密性和技术掌握程度而异。

（3）清茬防堵调整

通过调节三点悬挂及机具自带限位，调整秸秆切割装置、破茬清垄机构的位置，查看能否较好的切断并清理播种带的秸秆和杂草，应达到播种行秸秆少、清垄一致性好、无雍土及堵塞现象。

（4）播深调整

作物播深根据土质、墒情及秸秆覆盖情况合理选择，一般玉米播深 3～5 cm，整地质量好、墒情地温适宜的田块可 3～4 cm 浅播，秸秆量大、环境条件不适宜的田块可 4～5 cm 深播。播种机可通过播深轮上下位置或仿形限位轮手柄来调节。

（5）镇压力调整

覆土镇压力可通过镇压轮挡位调节实现。玉米镇压力一般在 II 或 III 级镇压挡位。

（6）排肥量调整

应按照播种机上的排肥量调节指示图，通过调整挡板开度或排肥轮转速实现玉米不同的排肥量。调整后应进行排量测试，作业过程中应关注肥管弯曲程度与流畅性，避免堆积堵塞。

（7）风机压力调整

播种过程中风机压力应稳定，一般控制在 0.006～0.008 MPa；应具备风压监测装置，实时监测风压情况。其中，拖拉机 PTO 驱动风机的播种机，通过调节拖拉机 PTO 输出转速实现合理风机压力；液压马达驱动风机的播种机，通过调节液压马达转速实现合理风机压力。

（8）铺滴灌带调整

铺滴灌带播种机作业时，先把滴灌带的头部固定住，注意观察滴灌带铺放状态，确保铺设的滴灌带长度满足支管间距的要求。贴片式滴灌带铺设时贴片滴孔应朝上。滴灌带浅埋，覆土 2～4 cm。

2. 试播作业

正式播种前要选择有代表性的地块进行试播。试播作业行进长度以 30 m 左右为宜，根据田块的条件确定适宜的播种速度，检查行距、粒距、播种深度、施肥量、施肥深度、镇压力度、滴灌带长度等是否满足当地农艺要求，有无秸秆拥堵、播种和下肥料管堵塞等异常情况，并以此为依据进一步调整。调整后再进行试播并测试，直至达到作业质量标准和农户要求。

（三）应用要点

1. 保持气压稳定

气力式播种机一般采用手油门控制，保持PTO输出转速稳定。开始作业时，先增加油门，提高转速，一般PTO输出转速维持在540 r/min左右，风机压力0.060～0.080 MPa，再缓慢降下机具开始作业；转弯掉头时，应先提升机具，再降低转速。转弯时应保证转速不降低，否则易导致地头漏播。

2. 播种质量

指夹式播种机作业速度控制在6～8 km/h，气力式播种机为8～10 km/h。玉米播种深度3～5 cm，施肥深度8～10 cm。作业质量应满足粒距＜10 cm时，粒距合格指数≥70%、重播指数≤20%、漏播指数≤10%、合格粒距变异系数≤35%、播种深度合格率≥85%。粒距在10～20 cm时，粒距合格指数≥80%、重播指数≤15%、漏播指数≤8%、合格粒距变异系数≤30%、播种深度合格率≥85%。粒距在20～30 cm时，粒距合格指数≥90%、重播指数≤10%、漏播指数≤6%、合格粒距变异系数≤25%、播种深度合格率≥85%。

三、水肥一体化设备

水肥一体化设备，主要有水源、灌溉首部、输配水管网、田间灌水器等组成。可以根据作物需求对玉米种植水分和养分进行综合调控和一体化管理，以水促肥、以肥调水，实现水肥耦合，高效灌溉、按需灌溉、高效施肥、按需分次施肥，是全面提升玉米水肥利用效率的设备。

（一）滴灌系统设计与选配

1. 滴灌技术选择

根据自然条件和生产管理水平等因素，合理布置水肥一体化灌溉系统。灌溉系统需要综合考虑水源出水量、田块地形、当地气候等因素进行合理设计。灌溉系统一般采用轮灌模式，根据水源出水量、水泵及滴头参数、轮灌周期等合理划分轮灌组数量及轮灌小区面积。一个轮灌组的面积由井本身的出水量，泵扬程和滴灌频率要求决定，所以滴灌系统设计应根据水源供水量，水泵扬程和滴灌频率要求进行设计。根据水源杂质配置过滤系统，河、湖、塘、堰等地表水源推荐使用砂石＋网式（或叠片）过滤组合；井水水源可使用离心＋网式（叠片）过滤组合。

2. 滴灌机具选配

（1）滴灌首部

灌溉首部主要包括水源（地表水、地下水）、水泵、过滤系统、施肥系统等组成；选用具有高效施肥和高效灌溉两个功能的灌溉首部，主要由主机、灌溉系统、肥料溶液混合系统组成，主机包括机架、过滤器、水泵、注肥流量计、灌溉管路、控制器等。灌溉面积大的地块，还需要配备加压装置。管理水平较高地区、有条件的可采用智能灌溉首部，包括智能控制柜、可视化系统、水肥一体机以及传感设备等。施肥设备根据灌溉系统规模大小等选择，推荐使用压差式施肥罐。

灌溉首部按混肥形式分成主路式和旁路式，都可用于大田玉米种植，同等情况大田种植用旁路式灌溉首部效率更高，流量更大，辐射面积大一点。灌溉首部的规格和型号根据生产实际进行选择，其流量、扬程要与灌溉面积匹配，同时要考虑水源（井水、河水等）条件以及地形条件（平地、坡地等）。为了保证灌溉系统运行期间压力、流量稳定以及管网安全，灌溉首部可配置变频装置，以根据田间水量需求实时调节水泵运行频率，使灌溉系统始终处于最优化运行状态。

（2）输配水管网

输配水管网包括主管、支管，可选用软管（PE 软带、编织软带）地表铺设，或选用硬管（PVC、PE 管）地下埋设。

主管铺设方法主要有独立式和复合式两种，独立式管道的铺设方法具有省工、省料、操作简便等优点，但不适合大面积作业；复合式主管道的铺设可进行大面积滴灌作业，要求水源与地块较近，田间有可供配备使用动力电源的固定场所。玉米种植滴灌一般采用复合式主管道铺设。

支管的铺设形式有直接连接法和间接连接法两种。直接连接法投入成本少但水压损失大，造成土壤湿润程度不均；间接连接法具有灵活性、可操作性强等特点，但增加了控制、连接件等部件，一次性投入成本加大。支管间距离需根据机井出水流量、水泵扬程、毛管滴头流速等因素综合确定，普通大流量（2 L/h 以上）滴头的毛管铺设距离在 50～70 m 的滴灌一致性最好，小流量滴头（1 L/h 以下）的毛管可延长至 100～200 m。滴灌带连接支管，可选用预制孔软带；投资较高的灌溉系统可选择 PE、PVC 等硬质管道，地埋铺设，提高使用年限。

（3）田间灌水器

田间灌水器主要指滴灌管（带），俗称毛管，其参数和布置形式应根据种植作物、灌溉制度、田块地形等因素进行合理选型。毛管滴头流一般在 1.0～2.5 L/h，小流量滴头出水量在 0.35～0.85 L/h。铺设方式主要包括地表或浅埋铺设，宜采用播种铺管一体化机械进行铺设，也可以分开铺设。

（二）设备调试

设备安装及使用过程中应保持清洁，塑料管不得抛摔、拖拉和暴晒，注意防止肥液倒流，安装完毕打开阀门用水冲洗管道。

1. 初次使用

每年第一次使用时，为了尽量避免污物堵塞管道，要求打开干管、支管和所有毛管（新购置的毛管不用）的堵头，逐条支管依次冲洗。冲洗时间10～15 min，冲洗完后关闭干管上的排水阀，然后关闭支管排水阀，最后封堵毛管尾端。

2. 日常使用

每次使用时都要检查首、尾部压力表是否在正常使用压力上，根据过滤系统前后压差或定时对过滤系统进行清洗、排沙，注意保持蓄水池水位，杜绝无水水泵电机空转。在水泵开启前，首先打开准备灌溉管道上的轮灌区控制阀门，在此基础上逐级打开上游阀门，以保证灌溉系统的安全。然后开动水泵，向灌水的支管管道缓慢地充水，充水水流速度不得大于0.5 m/s，时间不得少于5～10 min，以防引起水锤。系统运行应按照清水—施肥—冲洗的操作顺序，合理制定施肥速度并进行灌溉施肥单元的切换，施肥结束后，将管道及滴头内肥料冲洗干净。在管道停止运行时，首先关闭水泵等动力系统，然后缓慢逐级关闭阀门，防止因阀门关闭过快而引起水锤破坏管道。

3. 作业期维护

灌溉季节应该经常对管道系统、滴灌带进行检查维护，定时查看压力表，压力异常说明阀门、接口、管网可能出现漏水等问题；加强检查输水管网、滴灌带，对损坏、漏水的及时修理；根据过滤系统前后压差或定时，对过滤系统进行清洗、排沙。进排空气阀要定期检查是否畅通，对损坏、漏水的应及时修理，视情况对滴头堵塞及时进行氯处理或者酸处理；阀门要定期加滑脂，做到控制闸门启闭自如，阀门井中无积水；露地表的管道及管件完整无损。支管应根据供水质量情况经常冲洗。毛管一般至少每月打开尾端的堵头，在正常工作的压力下彻底冲洗一次。

4. 作业后保养

每年灌溉季节结束，冲洗地埋管道及放空存水，露地面的金属管道应刷漆防锈，阀门应涂油防锈并关闭和加盖保护。将地面铺设的支管、毛管做上标记，严防人为损坏；或将地面毛管连同灌水装置卷成盘状，按照所在位置做好标记存放于库房。

（三）规范作业

根据土壤条件、产量水平等进行科学肥水管理。在玉米全生长期内按需、分次进行水肥精准调控。收获后，及时排空管道内积水，防止冻裂。

1. 滴水齐苗

播种结束要及时连通滴灌系统并进行滴水出苗作业，达到出全苗、出苗整齐一致的目的。滴灌量视土壤墒情确定，以湿润区域覆盖播种行为原则，干燥土壤每亩滴水 20～30 m³，墒情较好的每亩滴水 15～20 m³。

2. 精准灌溉

根据玉米需水规律进行灌溉，灌水周期和灌溉量依据不同生育时期玉米耗水强度和不同耕层最佳土壤含水量来确定。有条件的可采用水分传感器监测进行自动化灌溉，采用小灌量、高频次灌溉，应始终把耕层土壤水分控制在田间合理持水量上下较小波动变幅内，更有利于提高产量和水分生产效率。滴灌施肥前应关注天气预报，如遇大风降雨天气，应延后进行，避免增加倒伏风险。

3. 精准施肥

优先选用滴灌专用肥或其他水溶肥，根据玉米水肥需求规律，按比例将肥料装入施肥器，随水施肥，做到按需分次、局部定向施用，防止玉米前期旺长、后期脱肥早衰，提高水肥利用率。每次施肥时结合灌溉，应计算出每个灌溉区的用肥量，肥料加入肥罐不宜过满，一般加入肥罐体积的 70% 以下，待肥料溶解后再加入其余肥料。每次施肥前，先滴清水 1～2 h，然后再开始滴肥，以保证施肥的均匀性。

四、化控与植保

玉米高密度种植条件下群体大、倒伏风险高、病虫草害风险也高，需要及时机械化化控和植保。

（一）机具选用

1. 化控机具选用

优先选用自走式高地隙喷杆喷雾机，实现低剂量喷施。避免人工喷施，造成喷施不均或重喷、漏喷。如遇下雨天或抽雄后地面植保机械进不了地，可以使用无人机进行作业，但要求水量大一些，药剂溶度低一些，在无风条件下喷施。

2. 植保机具选用

可使用植保无人机、自走式喷杆喷雾机或背负式喷雾器等进行机械化病虫草害防治作业；到作物生长后期地面植保机械很难进地作业，一般选用植保无人机飞防作业。

（二）检查与调试

1. 喷杆喷雾机调试

（1）机具检查

着重开展以下几方面安全与性能检查：①检查传动系统的安装可靠性，确保喷雾机与拖拉机连接可靠，各处螺栓不出现松动现象。②检查喷药系统功能，输药管路是否连接可靠，无漏液现象，膜片泵气室是否充气；给泵的各传动部分加注润滑油。③检查进水管、加水器、药箱口、喷头滤网等位置是否出现堵塞问题，及时清除堵塞物。④启动整机，药箱加入一定量水，空转运行检查各个喷头工作状态，对损坏的喷头及时进行更换。

（2）机具调试

①喷杆桁架机构水平状态调整，将机具停放至平整地表，尽量降低喷杆桁架高度，使其逐渐贴近地表，调整左右方向的水平状态，使两侧高度一致；②喷头高度调整，结合田间农作物生长情况及喷头喷雾角度，调整喷头作业高度，通常需参考使用说明书的喷施高度建议；③喷头喷雾状态调整，是药液雾化的关键部件，通过调整喷头的孔径和数量，可以控制喷雾的流量和雾化效果。部分喷头采用螺旋调节喷嘴，可调节雾化状态，使用前需对雾流形状和喷嘴喷量进行调整，通过量杯收集各个喷头 1 min 时间的喷液量，验证每分钟施药量是否符合技术要求，通常要求喷施误差在 10% 以内。

2. 植保无人机调试

（1）机具检查

①喷头检查。飞行之前检查喷头喷雾状况是否正常，雾化颗粒是否均匀。②机体检查。机头方向、GPS 朝向检查，仔细检查机体是否松动、连接部分是否牢固、螺丝是否紧固，对机身、旋翼、起落架、喷洒系统等进行清理，将植保机调整至最佳状态。③电池电量检查。起飞前检查每一块电池电量，确保电量满格。④作业环境检查。起飞前确认作业地块是否在禁飞区内，确认作业区域内的房屋、防护林、高压线塔的位置，留出安全距离，注意避让；确认手机或地面站电量充足；选择合适的起降点及作业航线，作业航线规划完成后树木障碍点需缩边 3～5 m，避免误差导致飞机上树。

（2）机具调试

①喷洒参数调试。包括农药的流量、喷洒速率等。流量根据农药的浓度和作物的需求进行设置，一般以 mL/min 为单位；喷洒速率要考虑无人机的飞行速度和喷头的覆盖范围，确保相邻喷洒区域有适当的重叠，以保证喷洒均匀。②通信系统调试。检查无人机与遥控器之间的信号连接，确保遥控器的信号能够稳定地传输到无人机，在有效范围内能够对无人机进行控制。③试飞测试。作业前空机手动试飞，观察无人机的飞行状态和喷洒效果，确保自动作业没有问题。

（三）应用要点

1. 机械化控

在 6～8 展叶期需喷施玉米控旺剂，控制穗位高度、增粗基部茎节，提高玉米抗倒伏能力。选择玉米专用化控剂，用量按产品说明书推荐用量，应注意化控喷施与滴灌施肥作业协同，一般要求喷施化控剂 5～7 天后再及时进行拔节至小喇叭口期的滴灌施肥。喷施应避开中午或者高温天气，喷药后 6 h 内如遇雨淋，可在雨后酌情减量增喷 1 次。处于风带、倒伏风险高的地块，可酌情增量 20%～30% 喷施，或在 8～10 片展叶，或抽雄前 1 周进行第 2 次化控。

2. 机械植保

（1）除草

通过种子精准包衣解决土传病害和苗期病虫害，苗前苗后化学除草控制杂草。播后因地制宜进行化学除草，墒情较好且地表秸秆覆盖量不大的地块，以播后苗前采用植保无人机或喷杆喷雾机进行封闭除草为主；墒情不好且地表秸秆覆盖量大的地块，以苗后茎叶除草为主；苗前未化学除草或封闭除草效果不好的地块，可结合天气情况在玉米 3～5 叶期、杂草 2～4 叶期及时苗后除草。

（2）病虫害防治

在玉米生育中后期（喇叭口期至抽雄期、灌浆期）进行 1～2 次机械化植保。重点动态监测大小斑病、玉米螟、蚜虫、黏虫等病虫害，结合叶面肥、生长调节剂等在大喇叭口至乳熟初期，采用植保无人机或喷杆喷雾机进行"一喷多促"（杀虫剂、杀菌剂、叶面肥）的作业。

五、玉米收获

应选择与玉米种植行距、成熟期、适宜收获方式对应的玉米收获机，实现低损高效机械化收获作业。

（一）收获机选配

宜选用割台承载能力强、割台倾角低、板式割台的玉米收获机。

1. 收获方式选择

可根据具体情况采取粒收或穗收机型，有烘干条件的地区优先选用玉米籽粒收获机。对种植中晚熟品种和晚播晚熟的地块，玉米籽粒含水率在 25% 以上时，应采取机械摘穗剥皮、晒场晾棒或整穗烘干的收获方式，待果穗籽粒含水率降至 25% 以下再机械脱粒。对热量资源较好的区域和地块，当籽粒含水率降至 25% 以下，可利用玉米籽粒联合收获机直接进行脱粒收获，减少晾晒再脱粒成本，收获后应及时烘干。

2. 割台匹配选择

根据玉米种植行距选择匹配的收获机割台，6 行以下收获时种植行距与割行中心之间的偏差在 ±5 cm 以内，6 行及以上收获时应保证种植行距与割行中心距偏差在 ±3 cm 以内。适宜机型：①优先选择宽窄行收获机，割台行距与种植行距农艺匹配，且是双数行割台，实现对行收获；②选用均匀行收获机，所有行加起来的平均行距要与当地农艺行距基本一致或略小，否则容易漏收；如 40 cm+70 cm 或 40 cm+80 cm 宽窄行，可用行距 55 cm 左右或 60 cm 左右的均匀行玉米收获机；③选用窄行距 25～30 cm 收获机，不对行收获。

（二）收获机调试

1. 收获前准备

正式收获前应按照产品使用说明书的要求对收获机进行一次全面检查与保养，并调试工作参数，使机具达到最佳工作状态。应提前平整沟渠、田埂、通道等，并标记水井、电杆拉线、树桩等不明显障碍。田间积水地块应提前挖沟通渠，排出积水，必要时挖深沟沥水。应及时散墒，直至适宜玉米收获机进地作业。

2. 试收

应选择具有代表性的地块进行试收，试收长度不宜低于 30 m。检查作业质量，并据此进行工作参数调整。应注意观察机器工作状况，发现异常及时处理。

3. 果穗收获机的摘穗剥皮机构调整

（1）拉茎辊与摘穗板组合式摘穗机构调整

按照产品使用说明书的要求，重点调整拉茎辊、摘穗板工作间隙和拉茎辊转速。拉茎辊工作间隙宜为 10～17 mm。当茎秆粗、植株密度大、作物含水率高时，应适当增大间隙；摘穗板前端间隙宜为光果穗平均直径的 2/3，摘穗板后端间隙宜比前端间隙大 5 mm；拉茎辊转速在发动机额定转速下可保持在 600～900 r/min。

（2）剥皮装置调整

按照产品使用说明书的要求，摘穗剥皮型玉米收获机重点调整压送器与剥皮辊间距、剥皮辊倾角。应根据剥净率调整压送器与剥皮辊间距，宜略小于玉米穗直径；应根据果穗损伤和落粒调整剥皮辊倾角。

5. 籽粒收获机的脱粒清选部件调整

按照产品使用说明书的要求，玉米籽粒收获机重点调整脱粒滚筒转速、凹板间隙、风扇转速等。在破碎率符合要求的前提下提高脱净率，可采用适当提高脱粒滚筒转速、减小凹板间隙等措施。在含杂率符合要求的前提下减少清选损失，可采用适当减小风扇转速、调大筛子的开度及提高尾筛位置等措施。

（三）规范作业

1. 行走路线确定

当地头与地块中间种植方向不同，应沿地头种植方向先收获地头玉米。宜采用往复作业方式，从田块一侧开始收获，行进方向应与种植行平行，保持直线行驶。

2. 作业速度选择

当玉米稠密、植株高大、产量高、行距宽窄不一、地形起伏不定、早晚及雨后作物湿度大时，应适当降低作业速度。收获开始时应低速作业，稳步提高作业速度，直至适宜的作业速度。不得用行走挡进行收获作业。应关注割台落穗损失，保持前进速度与摘穗辊或拉茎辊转速、拨禾链速度匹配。

3. 作业要求

应满幅作业，保持喂入均匀。随时观察作业状态，避免发生分禾器/摘穗机构碰撞硬物、漏收、喂入量过大、还田机刀片打土等异常现象。应定期检查留茬高度、收获损失率、剥净率、含杂率和破碎率等作业质量。必要时，调整割台、剥皮装置、脱粒清选等部件工作参数。采用倒车法转弯或兜圈法直角转弯时，应升起割台，避免紧急转向。重点关注分禾器、行走轮是否碰触未收获玉米。如需停车，应先停止前进，继续运转 60 s 后再切断动力。

4. 作业质量

收获质量宜达到以下标准：果穗收获机型，损失率 ≤ 3.5%、籽粒破碎率 ≤ 0.8%、果穗含杂率 ≤ 1%、苞叶剥净率 ≥ 85%；籽粒收获机型，损失率 ≤ 4%、籽粒含杂率 ≤ 2.5%、籽粒破碎率 ≤ 5%。收获前后，清洗过滤网、主管和支管，收回田间的支管和毛管。

六、秸秆还田

玉米收获后直接秸秆粉碎还田，应因地制宜采用翻埋、碎混、覆盖等还田方式，也可结合秸秆打包离田，降低还田量大、腐解困难造成的负面影响。秸秆粉碎采用专用秸秆粉碎还田机作业，粉碎秸秆长度不超过 10 cm，抛撒均匀，作业速度小于 8 km/h，打茬作业不漏茬、不拖堆。

遵循三年一次深翻（深松）的轮耕制度进行整地，打破犁底层，构建合理耕层结构。采用翻耕作业的，选用单铧耕宽在 35～55 cm 的翻转犁，铧数 3 铧以上，具有避障功能。采用深松作业的，应选用全方位或间隔深松机，推荐选用偏柱式深松机。

参考文献

付景，孙宁宁，刘天学，等，2019. 高温胁迫对玉米形态、叶片结构及其产量的影响 [J]. 玉米科学，27（1）：46-53.

蒋春丽，张丽娟，姜春艳，等，2015. 黄淮海地区夏玉米洪涝灾害风险区划 [J]. 自然灾害学报，24（3）：235-243.

李金琴，2018. 通辽地区玉米无膜浅埋滴灌技术手册 [M]. 北京：中国农业科学技术出版社.

刘光启，2008. 农业速查速算手册［M］. 北京：化学工业出版社.

王成雨，宋贺，胡玲惠，等，2014. 玉米品种耐淹形态指标筛选及其耐淹光合生理特性研究 [J]. 安徽农业大学学报，41（4）：533-539.

晏斌，汪宗立，刘晓忠，等，1993. 涝渍逆境下玉米叶片中谷胱甘肽的含量变化及其作用［J］. 植物生理学通讯，29：416-419.

杨平，张丽娟，赵艳霞，等，2015. 黄淮海地区夏玉米干旱风险评估与区划 [J]. 中国生态农业学报，23（1）：110-118.

余卫东，冯利平，刘荣花，2013. 玉米涝渍灾害研究进展与展望 [J]. 玉米科学，21（4）：143-147.

赵俊晔，张峭，2013. 我国玉米自然灾害风险区识别研究 [J]. 自然灾害学报，22（1）：29-37.

ASSEFA Y，CARTER P，HINDS M，et al.，2018. Analysis of long term study indicates both agronomic optimal plant density and increase maize yield per plant contributed to yield gain[J]. Scientific Reports，8：4937.